Web スクレイピング

Python による
インターネット情報活用術

豊沢 聡◉著

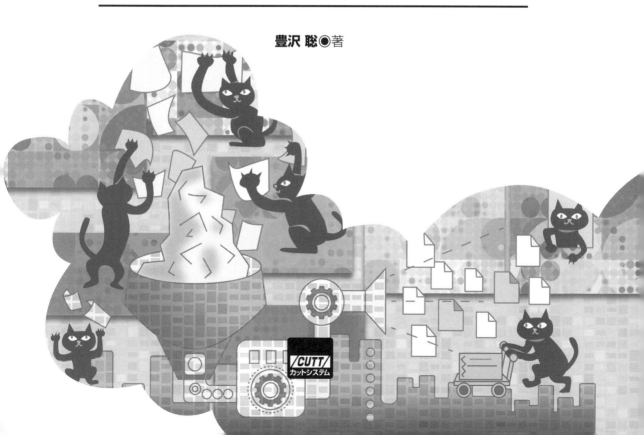

はじめに

　本書では、Python を用いた Web スクレイピングの方法を示します。

　Web スクレイピングは、ネット上のさまざまな情報を取り込み、必要なものだけを抽出し、まとめを提示する技術です。総称であって、単一の技術ではありません。ネットに散在するデータの種類と形式、得たい情報と提示方法の多様さを考えればわかるように、1 つの方法ですべてをカバーすることなどできないからです。本書では、目的とサイトのデータにあわせていろいろなスクリプティングの方法を説明します。

　本書で紹介するトピックを次に示します。左側の画像はそれぞれの出力結果です。

第 2 章　[TXT] [英語]

　物語（英語テキスト）をダウンロードし、人名および地名を重要度（出現頻度）に応じた大きさの文字で画像に張り付けます。ここから、主要な登場人物が一瞥で把握できます。例題に用いるデータソースはプロジェクト・グーテンベルグ掲載の、ホメロス作『イリアス』です。使用する Python ライブラリは、英文処理では NLTK（Natural Language Tool Kit）、画像生成では WordCloud です。

第 3 章　[TXT] [英語]

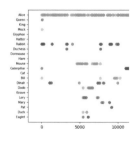

　物語（英語テキスト）をダウンロードし、キャラクターの登場箇所をプロットすることで、ストーリーラインを示します。登場人物の出番がわかるので、物語の進行がおおざっぱに理解できます。例題はこちらもプロジェクト・グーテンベルグ掲載で、ルイス・キャロル作『不思議の国のアリス』です。英文処理には前章と同じく NLTK を用いますが、画像生成には Matplotlib を使います。

第4章 [HTML] [日本語]

　　商用サイトの HTML ページ（日本語）を取得し、一般名詞と固有名詞の大きさを重要度に応じて変えて画像に張り付けます。ここでは本書出版社の出版目録をターゲットとすることで、出版元の出版傾向を一覧します。手法は第2章と同じですが、ターゲットが日本語 HTML になったことで、テキスト処理ライブラリが Beautiful Soup と Janome に変わります。

第5章 [ZIP] [TXT] [日本語]

　　物語（日本語テキスト）をダウンロードし、人名および地名の大きさを重要度に応じて画面に張り付けます。例題は青空文庫掲載の、太宰治作『人間失格』です。第2章、第4章と同じパターンですが、データソースが Zip 化されているので、それに対処する処理が加わります。

第6章 [HTML] [表] [日本語]

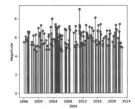

　　HTML ページ（日本語）に掲載された表を抽出し、グラフを描きます。例題では気象庁の地震データを取り上げ、地震の時系列的な頻度グラフと強度のヒストグラムを示します。使用ライブラリは表解析の Pandas とグラフプロットの Matplotlib です。

第7章 [HTML] [画像] [Pickle]

　　HTML ページに掲載された画像をすべて抜き出し、保存（Pickle 化）します。いったんローカルに保存するのは、続く3つの章で同じ画像ファイルを使いまわすからです。これで、サーバやネットワークに余計な負荷を掛けなくて済みます。ターゲットソースはどこでも構いませんが、本書ではこの本の出版社を使います。HTML からの画像リンク抽出には第4章と同じ Beautiful Soup を、画像オブジェクトデータの保存には Python 標準ライブラリの Pickle（漬物の意）を使います。

第8章 [Pickle] [画像]

　前章の Pickle ファイルからアニメーション画像を作成します（紙面では動きませんが）。ページ内に散らばる画像を素早くチェックできるようにするのが目的です。画像処理のライブラリは Pillow です。

第9章 [Pickle] [画像]

　Pickle ファイルからサムネール画像を作成します。これも目的は前章と同じく一覧性です。画像処理のライブラリも同じ Pillow です。

第10章 [Pickle] [顔画像]

　HTML ページに掲載された画像のうち、人物の顔の部分だけを抜き出してサムネール画像を生成します。ニュースサイトなど人物写真の多いページに便利です。手法的には、第9章に顔検出機能を加えたもので、より高度な画像処理のできるコンピュータビジョンライブラリの OpenCV を使います。

第11章 [JSON] [地図]

　JSON 形式にフォーマットされた地理座標を取得し、地図にマーキングします。地図はスクロールや拡大縮小のできるインタラクティブマップです（JavaScript コードが生成されます）。例題は東京都が提供する都内の無料 Wi-Fi スポットデータで、アクセス方法は REST API です。地図生成には Plotly を使います。

第 12 章 [CSV] [地図] [日本語]

CSV 形式の表から地理座標を取得し、インタラクティブマップにマーキングします。例題は国土交通省の駅データです（すべての駅が網羅されているわけではありません）。地図生成は第 11 章と同じなので使用するのも Plotly ですが、駅名を加えたり、駅の規模に応じてマーカーサイズを変更するなどの改良が施されています。複数（JR、私鉄、地下鉄）の CSV 表を組み合わせるなどの表操作には Pandas を使います。

紙面では動かないアニメーション画像やインタラクティブマップは、次に示す筆者の Github ページから確認してください。

https://github.com/stoyosawa/ScrapingBook-Public

スクリプティングのベース言語は Python です。上記に示した各種の外部パッケージは、それぞれそれ自体が 1 冊の書籍でもカバーしきれないほどの機能があるので、本書で紹介するのはごく一部です。もっとよい、もしくは効率的な方法を知りたい、あるいは違ったデータや表現を扱いたいという読者は、それぞれの書籍あるいはオリジナルのリファレンスマニュアルを参照してください。大半が英語なので最初は戸惑いますが、本書で取っ掛かりが得られたあとなら、それほど苦には感じないと思います。

ネットは膨大な量の情報で満ちています。あれこれ探索して活用していただければ幸いです。

2023 年 7 月

豊沢 聡

注意事項

以下、本書で注意すべき点を説明します。

■ 実行環境

Python はプラットフォーム非依存なので OS は問いませんが、Windows あるいは Windows Subsystem for Linux（WSL）での実行を念頭に説明しています。したがって、用例のプロンプトマークは C:>temp または $ です。個々のメソッドの用法は Python のインタラクティブモードから示します（プロンプトは >>>）。

スクリプトは生成画像をローカルに保存します。手持ちの画像ビューワーから閲覧してください。一部、スクリプトから直接表示するものもありますが、ディスプレイのない仮想マシンでは画像は表示できません。それらのスクリプトはホストマシンで実行してください。

Google Colab などのオンライン環境で実行するときは、その環境の用法を参照してください。本書ではオンライン環境は説明しません。

■ サンプルスクリプト

本書のサンプルスクリプトは、出版社のダウンロードサービスからダウンロードできます。ダウンロードサービスには、リンク付きの参考文献やサンプル出力画像も含まれています。

サンプルスクリプトは目的を達成できる最小限で書かれています。例外にはほとんど対処しないので、エラー終了することもある点、ご了承ください。

本書のスクリプトは、比較的汎用性のあるものもあれば、特定のデータソースでなければ動作しないものもあります。画像関係は中身の解釈に立ち入らないので、適用性は高いです。自然言語関係は品詞を使って解析するので、やや応用が利きます。ただし、性質の異なるデータソースでは、思ってもいない結果が出ることもあります。表関係は列名を直接指定するので、変更なしでは例題の表でしか使えません。その代わり、意図通りの結果が得られます。

本書の目的は、即座に利用できるスクリプトを提供することではなく、スクレイピングのいろいろな方法を概略的に示すところにあります。アプローチの仕方がわかったら改変する、他と組み合わせるなど、いろいろなパターンを試してください。本文でカバーしていない事例については、付録 A にまとめたので参考にしてください。

■ Python について

　使用するのは Python 3 です。とくに凝った用法は用いていないので、マイナーバージョンは問いません。しかし、最新でないならこれを機会にアップデートするとよいでしょう。

　本書は言語としての Python そのものの指南書ではないので、一般的な用法は説明しません。たとえば、リストおよび辞書内包表記、f-string、str の各種メソッドなどスタンダードな機能は説明なしで使っています。set のようなデータ型、正規表現、Zipfile、pickle 等のあまり使わないモジュールは要所で説明していますが、本書で使う範囲内だけです。細かい点は、Python のリファレンスを参照してください。

　本書で用いる標準ライブラリは concurrent、io、math、pickle、random、re、statistics、sys、timeit、urllib、zipfile です。

■ 外部パッケージのインストール

　Python 標準ライブラリに含まれていない外部のパッケージ（ライブラリ）は、インストールが必要です。それぞれの章でその都度インストール方法は説明していますが、必要なパッケージをすべて一気にインストールするのなら、次を実行してください。

```
python -m pip install --upgrade pip
pip install beautifulsoup4
pip install chardet
pip install html5lib
pip install janome
pip install matplotlib
pip install nltk
pip install numpy
pip install opencv-python
pip install openpyxl
pip install pandas
pip install pillow
pip install plotly
pip install requests
pip install wordcloud
python -c "import nltk; nltk.download('punkt')"
python -c "import nltk; nltk.download('averaged_perceptron_tagger')"
```

　上記は packages_pip.sh として、サンプルスクリプトに同梱してあります。実行するには、次のようにシェル sh あるいはコマンドプロンプト cmd を指定します。

```
sh packages_pip.sh                          # Unix (WSL)
type packages_pip.sh | cmd                  # Windows
```

conda など他のパッケージマネージャを用いるなら、各パッケージのページを参照してください。

外部パッケージのホームページ（あるいはドキュメントページ）は付録 B にまとめて示しました。

目 次

■ 第4章　HTML ページからワードクラウドを生成する 51

■ 第5章　Zip テキストの小説からワードクラウドを生成する........75

Web スクレイピング
とは

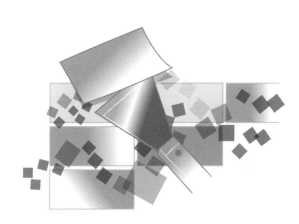

1.1 Web スクレイピングとは

　Web スクレイピング、あるいは単にスクレイピングとは、ネットからさまざまなデータをダウンロードし、取捨選択の上で利用することを指します。Scraping の「表面をひっかく」という意味からわかるように、サイトのデータを余すことなく使うのではなく、必要な上澄みだけを利用します。

　たとえば、ある商品に興味があるのなら、いくつかのオンラインショッピングサイトから価格だけを抜き出し、それらを揃えて比較します。必要なら、たとえばドル表記の価格を円に揃えるなど、データ変換もします。

　選択と変換を経たデータは、わかりやすいように提示します。数値ならグラフにしたり、位置座標なら地図にプロットしたり、画像なら並べて一覧したりします。つまり、まとめ作業です。

　要するに、Web サーフィンで素材を集め、まとめる作業です。普段と異なるのは、人手でかちゃかちゃとコピーしたり集計したりするのではなく、プログラムを使って自動的に処理するところ

です。プログラムを書くのは確かに面倒ですが、データ数が多いと人手がいくらあっても足りません。また、一度書けば、ちょっとした変更だけで似たようなサイトの似たような処理で使いまわせるので、結果的には手間も時間も省けます。

　Web スクレイピングは厳密な用語ではないので、人によって定義はまちまちです。「Web」という語が入っている以外は情報の収集と処理にしかすぎないと見ることもできるので、広く取ればコンピュータによる情報処理技術全般と考えることもできます。あるいは技術を絞って、HTTP アクセスと HTML 解析とすることもできます。文章をまとめるのは言語処理で、画像を理解するのは画像処理なので、そうした技術の適用例でもあります。データのグラフィカルな表現はビジュアライゼーションという分野にまとめられるものなので、それを含むか含まないかは意見が分かれます。本書ではやや広い考え方を採用して、ネットからデータを取ってきて、目的に応じて選択と変換を施し、わかりやすいように表現するまでの一連の流れを Web スクレイピングとしています。

1.2　Web スクレイピングの手順

　Web スクレイピングは、次に示すステップを通じて行います。

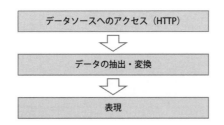

　最初はデータソースへのアクセスです。昔と違って、ネットアクセスの方法はほぼ HTTP だけです。REST API もモバイルアプリも、通信プロトコル自体はまず HTTP です。つまり、このステップは Web ブラウザとやることに変わりはありません。違いは、手でクリックするのではなく、データ交換をプログラムで書くところだけです。本書では、主として Requests パッケージを使って HTTP アクセスを実行します。

　データはいろいろな形式で表現されているので、それらに応じて解析しなければなりません。HTML ならタグを取り除いたテキスト文を取り出します。データが Zip 形式なら、展開してファイルを取り出します。幸いなことに、Python にはデータ形式（メディアタイプ）に応じた各種のツールが用意されているので、それを使うだけです。本書で利用する外部パッケージを次に示します（括弧内はパッケージ名です）。

データ形式	ツール
HTML	Beautiful Soup 4 (bs4)
Zip	Python 標準ライブラリ (zipfile)
表 (HTML <table>、CSV、Excel など)	Pandas (pandas)
画像	Pillow (PIL)

　データによってはさらなる解析が必要なものもあります。たとえば、日本語テキストならそこから固有名詞だけを抜き出す、画像なら拡大縮小や顔の抽出などの処理です。これにもいろいろなツールがあります。本書では以下の外部パッケージを使います。

解析対象	ツール
英語テキスト	NLTK (nltk)
日本語テキスト	Janome (janome)
画像	Pillow (PIL)、OpenCV2 (cv2)

　データの解析が終われば、それをわかりやすいように表現します。グラフにする、画像にまとめるなどです。この最後のステップでは、本書では次のツールを用います。

表現	ツール
テキストの画像化	WordCloud (wordcloud)
グラフ	Matplotlib (matplotlib)
画像表示	Pillow (PIL)
地図表示	Plotly Express (plotly)

　この3ステップからなる手続きは、データベース系の人ならご存じのETL（抽出、変換、再収容）とほぼ同じです。最後のLoadの部分が、データベースに戻すのではなく表現になるところが異なるだけです。何なら理解、分解、再構築と言い換えても構いません。つまり、Webスクレイピングというと新しいテクニックに聞こえますが、昔からある情報処理の手順とたいして変わりはしません。

1.3 Web スクレイピングの注意

　Webスクレイピングを禁止しているサイトもあります。明示的に禁止していないサイトでも、短い時間間隔で連続してアクセスすることを禁じたり、そのような挙動が観測されたらアクセスを

ブロックするところもあります。アクセス時には注意してください。

　スクリプトの作成時には、テストやデバッグでターゲットに頻繁にアクセスしなければならないこともあります。そうしたときは、Python 標準ライブラリの Pickle を使ってダウンロードしたデータオブジェクトをファイルに落としてそこから利用する、あるいは HTML や CSV などをそのままファイルに保存するなどして、アクセスを最小限にとどめます。Pickle の用法は第 7 章で説明します。

　Web サイトのコンテンツは著作権で保護されているものもあります。個人で利用する分にはよいかもしれませんが、成果物を公開するときは注意してください。

1.4 Web スクレイピングの問題点

　Web スクレイピングスクリプトは、ターゲットとなるデータソースの構造やフォーマットにもとづいて作成されます。中身を解析するのは、プログラマー本人です。そして、解析が不十分、あるいは例外に対処できていなければ、エラーが発生します。

　これはなかなか大変です。データ構造が必ずしも明示されているわけではないので、テストでエラーが発生するたびに、1 つずつつぶしていかなばなりません。Web スクレイピングというと、自動的にほしいものをほしいところから取ってきて整形してくれる便利な方法というイメージがなきにしもあらずですが、そこにたどり着くにはそれなりの労力が必要です。しかも、できあがったと思ったら、データ構造が変わって仕切り直ししなければならないこともあります。

　Web スクレイピングスクリプトは、必殺の万能技ではない点、覚えておいてください。

登場人物の
ワードクラウドを
生成する

TXT 英語

データソース	プロジェクト・グーテンベルグ
データタイプ	英文テキスト（text/plain; charset=utf-8）
解析方法	固有名詞抽出
表現方法	ワードクラウド
使用ライブラリ	NLTK、Requests、WordCloud

2.1　目的

■ ワードクラウド

　本章では、英語で書かれた小説（テキスト文書）から登場人物や場所などの固有名詞を抜き出し、それらを張り付けた画像を生成します。固有名詞は、出現頻度が高いほど大きく、低いほど小さく描き込みます。

　次に、ホメロスの『イリアス』から生成した画像を示します。

　テキストに含まれている重要な単語をこのように視覚的に表現する技法を、ワードクラウドあるいはタグクラウドと言います。文書内の重要なトピック、物語ならメインキャラが直感的に把握できるという特徴があります。

　上の例では、最頻の固有名詞は「Achaeans」（アカイア人つまりギリシア人）と「Trojans」（トロイア人）です。ここから、戦争当事者である2つの陣営がわかります。次に多いのは「Jove」（ゼウス）、「Hector」（トロイアのヘクトル王子）、「Achilles」（ギリシア勢のアキレウス）で、戦の勧進元である主神と、それに踊らされて戦う2人のメインキャラです。トロイア戦争ではオデュッセウス（Ulysses）が木馬の姦計で有名ですが、小さく見つからないことから、この話では木馬が出なさそうなこともわかります。

　本章で示す方法は、小説以外でも、ある程度のボリュームのあるテキスト文書に使えます（第4章では出版目録をターゲットにします）。ただし、分量がない、あるいは出現頻度に偏りがないテキストでは、さほど効果が得られません。また、頻度が高い単語が重要であるという仮定が成立しない文書では、ミスリーディングにもなります。

■ ターゲット

　例題に用いる『イリアス』は、次に URL を示すプロジェクト・グーテンベルグから入手します。

```
https://www.gutenberg.org/
```

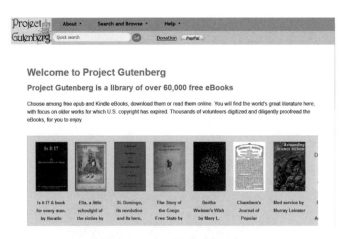

　プロジェクト・グーテンベルグはインターネットの黎明期に誕生した、おそらくは最古参の電子書籍サービスです。現在、英語を中心に、著作権の切れた書籍が7万冊以上収容されています。

　今回取り上げるホメロスの『イリアス』のテキストには、次に示すように6つの版があります（すべての電子書籍に必ずしも複数の版があるわけではありません。ポピュラーな古典である『イ

リアス』だからこそです）。

　ここでは「脚注もイラストもなし」な 2199 番を用います。夾雑物が少ない方が、テキスト解析には向いているからです。

　データフォーマットも、次に示すように各種用意されています。

機械的な処理が楽な「Plain Text UTF-8」を選びます。URL は次の通りです。

```
https://www.gutenberg.org/ebooks/2199.txt.utf-8
```

　物語そのものも楽しみたければ、翻訳は岩波文庫から入手できます。ホメロス著、松平千秋訳『イリアス』（上下巻）、岩波書店（1992）です。長いトロイア戦争の最後の部分だけの話なので、なぜ戦争が始まったのか、戦後はどうなったのか、など全体像を知りたい方は松平治著『トロイア戦争全史』、講談社（2008）がお勧めです。

2.2　方法

■ 手順

　Web アクセスからワードクラウドの生成までの手順を次に示します。括弧に示したのは、その
ステップで用いる Python の外部ライブラリです。矢印脇は前のステップが出力し、次のステップ
に入力されるデータです。

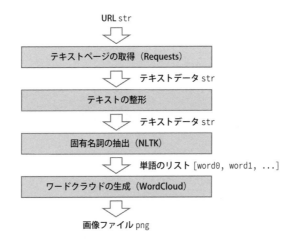

　URL が指定されたら、HTTP を介してテキストを取得します。HTML などマークアップのない、
純粋な UTF-8 文字列です（Content-Type: text/plain; charset=utf-8）。やるべきことはブラウ
ザと同じです。これを、プログラム的に実行するには Requests パッケージを用います。

　続いて、テキストを処理しやすいように整形します。これには、本文の前後に示されたまえがき
やライセンスの削除、改行や余分な空白の除去、一部で使われている非 ASCII 文字の変換が含まれ
ます。

　整形したテキストが得られたら、そこから固有名詞だけを抽出します。たとえば「Hector」で
す。英文を単語単位に分け、それらの品詞を判別するには、NLTK パッケージを用います。

　固有名詞のリストが得られたら、ワードクラウドを生成します。これには WordCloud パッケー
ジを用います。

■ ターゲットのテキストについて

　この章のものも含めて、グーテンベルグのテキストは次に示すマーカーを用いて本文を他と区別します。必要なのは本文だけなので、マーカーの前後は削除します。

```
The Project Gutenberg eBook of The Iliad, by Homer        # ページ先頭

This eBook is for the use of anyone anywhere in the United States and
most other parts of the world at no cost and with almost no restrictions
  ⋮
Revised by Richard Tonsing.

*** START OF THE PROJECT GUTENBERG EBOOK THE ILIAD ***    # 本文スタート

      THE ILIAD OF HOMER
      ⋮
      Thus, then, did they celebrate the funeral of Hector tamer of
      horses.

*** END OF THE PROJECT GUTENBERG EBOOK THE ILIAD ***      # 本文終了

***** This file should be named 2199-0.txt or 2199-0.zip *****
  ⋮
```

　本文区切りマーカーの「STAR/END OF」に続く定冠詞「THE」が「THIS」と書かれることもあります。

　次の 1 文からテキストの構成を確認します。

```
      "Sons of Atreus," he cried, "and all other Achaeans, may the gods
      who dwell in Olympus grant you to sack the city of Priam, and to
      reach your homes in safety; but free my daughter, and accept a
      ransom for her, in reverence to Apollo, son of Jove."

      On this the rest of the Achaeans with one voice were for
      respecting the priest and taking the ransom that he offered; but ...
```

　段落単位ではなく、行送り単位で改行されています。このため、文の間に \r\n が混入します。また行頭送りのスペースが 6 文字分加わっています。そのため、改行部分はプログラム的には「the gods\r\n　　　who dwell」と読まれます。そこで、単語分解と品詞判定に先立ち、余分なスペースや改行は削除します。

　加えて、二重引用符が全角（Unicode マルチバイト文字）です。パッと見にはわかりませんが、半角の " のように直立しておらず、開きと閉じが " ... " と内側に向かっています。Unicode のコードポイントでは、それぞれ U+201C（Left Double Quotation Mark）と U+201D（Right Double Quotation Mark）です。

　テキストで用いられている非 ASCII 文字を確認します（変数 text にダウンロードした全文が収容されているとします）。ASCII 文字ならコード値が 127 以下なので、それより上のものなら非 ASCII です。同じ文字が何度も登場するので、set（集合型）から重複を省きます。集合には要素の重複が認められないので、重複したぶんは集合に変換したときに自動的に除去されるという性質を利用しているわけです。

```
>>> set([c for c in text if ord(c) > 127])
{'"', ''', '"', '\ufeff', ''', '—'}
```

　単一引用符、二重引用符、エムダッシュ（U+2014）です。U+FEFF は Byte Order Marker（BOM）と呼ばれる記号で、ファイルのバイト順を示すために先頭に置かれる識別子です。今ではほとんど使われない、不要な情報です。

　これらの全角英語役物はヒトの可読性を高めますが、NLTK を使った処理では誤認識のもとになります。そこで、全角役物は相当する半角文字に置換します。

■ Requests

　URL から HTTP を介して Web コンテンツを取得するには、Requests パッケージが便利です。「ヒト向け」を謳うだけあって、ベーシックな用法に限れば、Web アクセスが 1 行で片が付きます。

　ホームページの URL を次に示します。バージョンがやや古いものの、有志による日本語版もあります。

```
https://requests.readthedocs.io/en/latest/        # オリジナル版
https://requests-docs-ja.readthedocs.io/en/latest/ # 日本語版
```

Requests がサポートしている HTTP のバージョンは 1.1 だけです。昨今一般的な HTTP/2 や旧来の HTTP/1.0 は利用できませんが、たいていのサイトは HTTP/1.1 に対応しているので実用的には問題ありません。

■ NLTK

NLTK（Natural Language ToolKit）は主として英語をターゲットにした自然言語処理のパッケージです。自然言語という融通無碍なデータを対象としているため、覚えきれないくらいたくさんの機能が用意されています。

本章で用いるのは、その中でもほんの 2 点、文を単語単位に分割するトークナイザーと単語に品詞を割り当てる POS タガーだけです。POS は「Part of Speech」の略で、分解された文の要素です（単語と言わないのは、語ではない句読点も POS の一種だからです。本書は自然言語の専門書ではないので単語とします）。タガーはタグ（ここでは品詞情報）を付けるという意味です。

ホームページの URL を次に示します。

```
https://www.nltk.org/
```

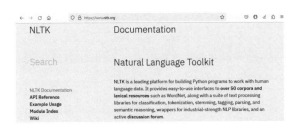

自然言語処理では、ケースバイケースでツールや方法を使い分ける必要があります。そのため、雑多な目的を達成する技術の集大成である NLTK は、系統立てて学ぶのがなかなか面倒です。順を追って学ぶなら、『Natural Language Processing with Python』と題したオンライン書籍がお勧めです。次に URL を示します。

```
https://www.nltk.org/book/
```

同じものは、オライリーから出版されています。翻訳も出ています。Steven Bird 他著、萩原正人他訳『入門 自然言語処理』、オライリー・ジャパン（2010）です。

■ WordCloud

単語のリストからワードクラウド画像を生成するには、WordCloud パッケージを用います。ワードクラウドは単語とその出現頻度（$0 \leqq p \leqq 1$）の辞書（dict）を入力とするので、NLTK で得られた単語列からこれを準備します。WordCloud が生成した画像はファイルに保存します。いろいろな画像フォーマットが利用できますが、本書では PNG を使います。

ホームページの URL を次に示します。

```
https://amueller.github.io/word_cloud/
```

■ セットアップ

これらの外部パッケージは、利用に先立ってインストールしなければなりません。PIP なら、次のように実行します。

```
pip install requests
pip install nltk
pip install wordcloud
```

本章で用いる NLTK メソッドは、punkt と averaged_perceptron_tagger という外部のリソースに依存しているので、次のように Python インタラクティブモードからあらかじめダウンロードしておきます。ファイルは所定の場所に保存されるので、作業は 1 度だけです。

```
>>> import nltk                          # インポート

>>> nltk.download('punkt')               # ダウンロード
[nltk_data] Downloading package punkt to
[nltk_data]     C:\...\AppData\Roaming\nltk_data...
[nltk_data]   Unzipping tokenizers\punkt.zip.
True
```

```
>>> nltk.download('averaged_perceptron_tagger')          # ダウンロード
[nltk_data] Downloading package averaged_perceptron_tagger to
[nltk_data]     C:\...\AppData\Roaming\nltk_data...
[nltk_data]     Unzipping taggers\averaged_perceptron_tagger.zip.
True
```

コンソール（シェルやコマンドプロンプト）から直接実行するなら、Python のコマンドオプション -c から引数指定のコードを実行させます。

```
$ python -c "import nltk; nltk.download('punkt')"
$ python -c "import nltk; nltk.download('averaged_perceptron_tagger')"
```

用意ができておらずに NLTK トークナイザーあるいは POS タガーを実行すると、次のようなエラーが発生します。

```
>>> text = 'Sing, O goddess, the anger of Achilles son of Peleus, that brought ...'

>>> nltk.word_tokenize(text)
Traceback (most recent call last):
  File "<stdin>", line 1, in <module>
  File "C:\tools\python3.10.5\lib\site-packages\nltk\tokenize\__init__.py",
  line 129, in word_tokenize
    sentences = [text] if preserve_line else sent_tokenize(text, language)
⋮
Resource punkt not found.
Please use the NLTK Downloader to obtain the resource:

>>> import nltk                                        # これを実行せよ
>>> nltk.download('punkt')                             # これも

For more information see: https://www.nltk.org/data.html
⋮
```

メッセージ末尾に不足しているリソースとその導入方法が示されます。このメッセージが現れたら、指示に従いダウンロードを実行してください。

2.3 スクリプト

■ スクリプト

グーテンベルグのテキスト文書をロードし、ワードクラウド画像を生成するスクリプトを次に示します。

```
text_wc.py
 1  import re
 2  import sys
 3  import nltk
 4  import requests
 5  import wordcloud
 6
 7
 8  def get_page(url):
 9      resp = requests.get(url)
10      if resp.status_code != 200:
11          raise Exception(f'HTTP failure. Code {response.status_code}.')
12
13      print(f'{url} loaded. {len(resp.text)} chars. Encoding {resp.encoding}.',
14            file=sys.stderr)
15      return resp.text
16
17
18  def sanitize(text):
19      s = re.search(r'\*{3} START OF (THE|THIS) PROJECT GUTENBERG.+\*{3}', text)
20      e = re.search(r'\*{3} END OF (THE|THIS) PROJECT GUTENBERG.+\*{3}', text)
21      text = text[s.end()+1:e.start()]
22      text = re.sub(r'\s+', ' ', text)
23      text = text.translate({8216:39, 8217:39, 8220:34, 8221:34, 8212:'--'})
24
25      print(f'Text sanitized. {len(text)} chars.', file=sys.stderr)
26      return text
27
28
29  def extract_nouns(text):
30      words = nltk.word_tokenize(text)
31      pos_tags = nltk.pos_tag(words)
32      nouns = [token[0] for token in pos_tags if token[1].startswith('NNP')]
33
```

```
34        print(f'Extracted Nouns: {len(nouns)}', file=sys.stderr)
35        return nouns
36
37
38   def generate_wc(words):
39        words = [word.capitalize() for word in words]
40        unique_words = list(set(words))
41        size = len(words)
42        probs = {key:words.count(key)/size for key in unique_words}
43        print(sorted(probs.items(), key=lambda tpl: tpl[1], reverse=True)[:50],
44             file=sys.stderr)
45        word_cloud = wordcloud.WordCloud(
46             width=1024,
47             height=768
48        )
49        img = word_cloud.fit_words(probs)
50
51        return img.to_image()
52
53
54
55   if __name__ == '__main__':
56        url = sys.argv[1]
57        text = get_page(url)
58        text = sanitize(text)
59        words = extract_nouns(text)
60        img = generate_wc(words)
61
62        img.save('text_wc.png')
```

■ 実行例

コンソール／コマンドプロンプトから実行します。ここでは Windows からです。

```
C:\temp>python text_wc.py https://www.gutenberg.org/ebooks/2199.txt.utf-8
https://www.gutenberg.org/ebooks/2199.txt.utf-8 loaded. 923240 chars. Encoding utf-8.
Text sanitized. 808798 chars.
Extracted Nouns: 9523
```

URL からダウンロードしたテキストは全部で約 92 万文字ありました（上記の 1 行目の出力）。

整形すると約81万文字です（2行目）。そこから固有名詞が9523個抽出されました（3行目）。

　ワードクラウド画像は、62行目でハードコーディングしてあるファイル text_wc.png に PNG フォーマットで保存されます。好みの画像ビューワーで閲覧してください（画像例は本章冒頭にあります）。

　画像を子細に見ると、固有名詞以外のものも入り込んでいます（Son、Are、Go、Sleep、O（感嘆詞）、Dear など）。これは、NLTK の POS タガーが（プログラム的に）ややこしい文章を処理し損ねたときのものです。自然言語処理は完全無欠ではないので、こうした漏れはごく当たり前に発生します。より扱いやすいように文を整形したり、異なる POS タガーを利用するなど手間暇をかければ誤認識も減りますが、漏れを完全に除去するシンプルな方法はありません。

　本章の目的は、大量のデータをおおざっぱにまとめて一覧するところにあります。気付かない程度の夾雑物の混入は許容範囲です。

2.4　スクリプトの説明

■ 概要

　スクリプトの説明をします。スクリプトファイルは text_wc.py です。

　先頭で必要なパッケージをインポートします。ここで重要なのは HTTP アクセスの requests（4行目）、テキスト解析の nltk（3行目）、ワードクラウド生成の wordcloud（5行目）の3つの外部パッケージです。標準ライブラリにある正規表現パッケージ re（1行目）はテキストの整形に使います。sys（2行目）は、進行状況を標準エラー出力に書き出すため（print() メソッドのキーワード引数 file=sys.stderr）と、コマンドラインから URL を受け取るため（56行目の sys.argv[1]）に使います。

　スクリプトには次の4つのメソッドを用意しました。

メソッド	使用ライブラリ	用途
get_page()	requests	指定の URL からテキストをダウンロードする。
sanitize()	re	テキストを整形する。
extract_nouns()	nltk	テキストから固有名詞だけを抽出する。
generate_wc()	wordcloud	単語のリストからワードクラウド画像を生成する。

　メイン部分（55行目の if __name__ == '__main__': 以降の、コンソールから実行されたときに実行されるコード）では、上記を記載順に呼び出します。

■ get_page

　get_page() メソッド（8 〜 15 行目）は URL 文字列が入力されると、そのサイトからダウンロードしたテキストを返します。ここでは HTML メッセージボディはテキスト（メディアタイプが text/plain）であることを想定しています。

　HTTP アクセスを司るのは Requests パッケージの requests.get() メソッドです。引数に URL 文字列を指定するだけで Web データがダウンロードできる優れものです（9 行目）。requests クラスには PUT や POST の実装もありますが、HTTP アクセスの大半はこの get() で片が付きます（POST の例は付録 A.7 に示しました）。

　インタラクティブモードから用法を確認します。

```
>>> import requests
>>> resp = requests.get('https://www.gutenberg.org/ebooks/2199.txt.utf-8')
```

　メソッドは requests.Response オブジェクトを返します。この中には目的とするテキストの他にも、HTTP 応答ヘッダや応答ステータスコードなど、HTTP プロトコルとその通信に関連した情報が収容されています。このオブジェクトのメソッドや属性を次に示します（多いので、アンダースコアから始まるものは省きます）。ハイライトしたものが本書で使用する属性です。

```
>>> dir(resp)
[..., 'apparent_encoding', 'close','connection', 'content', 'cookies', 'elapsed',
 'encoding', 'headers', 'history', 'is_permanent_redirect', 'is_redirect',
 'iter_content', 'iter_lines', 'json', 'links', 'next', 'ok', 'raise_for_status',
 'raw', 'reason', 'request', 'status_code', 'text', 'url']
```

　応答ステータスコードは status_code 属性から確認できます。

```
>>> resp.status_code
200
```

　HTTP 応答ステータスコードは 3 桁の数値（int）で、百の位がおおまかな結果を、残りが詳細を示します。無事にアクセスできたときは 200 番台が返ってきます。データが確実に得られたときは 200 です。本章では、テキストデータが得られなければ意味がないので、200 以外ならその場で例外を上げて終了します（10、11 行目）。

HTTP データボディ（ブラウザに表示される部分）は requests.Response の text 属性に収容されています。型は文字列（str）です。

```
>>> type(resp.text)
<class 'str'>
```

len() メソッドから文字数をチェックします（13 〜 14 行目）。

```
>>> len(resp.text)
923240
```

一部、中身を確認します。2490 〜 2800 文字目をスライスで取り出します。

```
>>> resp.text[2490:2800]
's.\r\n\r\n     "Sons of Atreus," he cried, "and all other Achaeans, may the
gods\r\n     who dwell in Olympus grant you to sack the city of Priam, and to\r\n
     reach your homes in safety; but free my daughter, and accept a\r\n
     ransom for her, in reverence to Apollo, son of Jove."\r\n\r\n     On this
the rest of '
```

該当箇所をブラウザから確認します。

```
                .................s.

"Sons of Atreus," he cried, "and all other Achaeans, may the gods
who dwell in Olympus grant you to sack the city of Priam, and to
reach your homes in safety; but free my daughter, and accept a
ransom for her, in reverence to Apollo, son of Jove."

On this the rest of .....
```

　本章の目的の範囲では、これだけわかっていれば十分です。Requests パッケージは本書では頻繁に使うので、これ以外の機能は折に触れて説明します。

■ sanitize

取得したテキストボディには、前述のように扱いにくい空白文字や全角役物が混入しています。

そこで、sanitize() メソッド（18 〜 26 行目）でこれらを整理します。メソッドは生のテキスト（str）を受け取ると、整理後のテキスト（str）を返します。

　最初に、生テキストから本文を抜き出します。先に述べたように、グーテンベルグのテキスト本文は

```
*** START OF THE PROJECT GUTENBERG EBOOK THE ILIAD ***
```

というタイトルの『THE ILLIAD』の混じった 1 行で始まり、

```
*** END OF THE PROJECT GUTENBERG EBOOK THE ILIAD ***
```

同じくタイトル混じりの 1 行で終わります。そこで、始まりの文の末尾と終わりの先頭の文字位置をそれぞれ検索し、それらを用いてスライスで本文を抜き出します。

　文字列中の文字列の位置検索には str.index() が便利ですが、固定文字列しか扱えません。3 語目の定冠詞が「THIS」のこともあるので、正規表現で同等の機能を持つ re.search() を使います。3 つのアスタリスク *、スペース、定型文、不定の単語（THE または THIS）、そして再び 3 つの * なので、正規表現は次の通りです（19、20 行目）。

```
r'\*{3} START OF (THE|THIS) PROJECT GUTENBERG.+\*{3}'          # または END OF ...
```

　アスタリスクは正規表現の特殊記号なので、バックスラッシュでエスケープしなければなりません。アスタリスク 3 つなら *** です。これだと読みにくいので、ここでは個数を示す {} を使って *{3} としています。

　開始終了マーカーの位置を検索します。

```
>>> import re
>>> start = re.search(r'\*{3} START OF (THE|THIS) PROJECT GUTENBERG.+\*{3}', resp.text)
>>> end = re.search(r'\*{3} END OF (THE|THIS) PROJECT GUTENBERG.+\*{3}', resp.text)
```

re.search() はマッチオブジェクト re.Match を返します。

```
>>> type(start)                                    # データ型
<class 're.Match'>
```

```
>>> str(start)                                        # 概要
"<re.Match object; span=(745, 799), match='*** START OF THE PROJECT GUTENBERG EBOOK THE
ILIA>"
```

　文字位置にして 745 番目から 799 番目のところに本文開始マーカーが見つかりました。ということは、本文は 800 文字目からです。マッチオブジェクトから開始位置だけを取り出すには re.Match.start() メソッドを使います。終了位置なら re.Match.end() です。

```
>>> start.start()
745
>>> start.end()
799
```

　したがって、本文は開始マーカーの末尾プラス 1 文字分の start.end()+1 で始まり、終了マーカーの先頭である end.start() の 1 文字手前で終わります。スライスを使って抽出します（21 行目）。

```
>>> text = resp.text[start.end()+1:end.start()]        # 本文抽出

>>> text[:60]                                          # 本文最初の60文字
'\n\r\n\r\n\r\n\r\n\r\n        THE ILIAD OF HOMER\r\n\r\n\r\n        Rendered into Eng'

>>> text[-60:]                                         # 本文最後の60文字
'rate the funeral of Hector tamer of\r\n        horses.\r\n\r\n\r\n\r\n\r\n\r\n'
```

　先に、テキストには BOM マーカー（U+FEFF）が混入していると述べましたが、これはファイル先頭に置かれるものなので、ここでの処理で取り除かれます。

■ 不要な文字の削除

　sanitize() メソッドでは、余分な改行やスペースも整理します。

　まず、改行（\r と \n）やスペース（0x20）などの空白文字はまとめてスペース 1 文字に変換します。正規表現ではスペース、水平タブ \t、垂直タブ \v、改行 \n、復帰 \r、改ページ \f のいずれかに該当する文字に特殊記号 \s を割り当てているので、対象となる文字を列挙するまでもありません。\s+ で、複数の連続した空白文字を表現できます。これらの空白文字をスペース 1 つに変換するなら、部分文字列置換の re.sub() メソッドです（22 行目）。第 1 引数が検索する文字列（正規表現）、第 2 引数が置換文字列、第 3 引数が入力テキストです。

```
text = re.sub(r'\s+', ' ', text)
```

これで、次に示すように連続した改行やスペースが 1 つにまとめられます。

```
>>> re.sub(r'\s+', ' ', '\n\r\n\r\n\r\n\r\n        THE ILIAD OF HOMER\r\n\r\n
    Rendered into Eng')
' THE ILIAD OF HOMER Rendered into Eng'
```

もとは 2 文だった「THE ILIAD OF HOMER」（タイトル）と「Rendered into Eng ...」（訳者名）がくっついてしまいますが、NLTK の動作にはさほど影響は与えません。

■ 文字の置き換え

　テキスト整形のラストは、Unicode マルチバイト文字の置き換えです。開き／閉じの単一および二重引用符はそれぞれ半角の ' と " に直します。

　Unicode エムダッシュ（U+2014）の置き換え文字は半角ハイフンではいけません。ハイフンは複数の単語を連結することで 1 語にするものだからです。たとえば、「brother-in-law」（義兄あるいは義弟）です。長い横棒はダッシュで、語あるいは文を補完する文を続けるときに使います。たとえば、次のような文です。

```
For nine whole days he shot his arrows among the people, but upon the tenth day
Achilles called them in assembly—moved thereto by Juno, who saw the Achaeans in
their death-throes and had compassion upon them.
```

　エムダッシュに続く「moved thereto by Juno ... 」は「assembly」を補完する文です。エムダッシュのなかったタイプライター時代は 2 つの半角ハイフン（--）で打たれていたので、それで置き換えます。

　参考までに、上記の文でエムダッシュ、ハイフン 1 つ、ハイフン 2 つが使われたときの NLTK の解釈を次に示します。

役物	NLTK の解釈	説明
― （エムダッシュ）	('assembly—moved', 'VBN')	過去分詞（VBN）1 語と解釈される。
- （ハイフン）	('assembly-moved', 'JJ')	形容詞（JJ）1 語と解釈される。
-- （ハイフン 2 つ）	('assembly', 'NN')、('--', ':')、('moved', 'VBD')	3 つの要素に分解される。「assembly」は単数名詞（NN）、ダブルハイフンはコロンと同じ文の接続記号、「moved」は動詞過去形（VBD）と解釈される。

文字列の置換には先ほど str.sub() を使いましたが、複数が対象のときは、変換前と変換後の対応表が使える str.translate() メソッドが便利です。23 行目はこれを使って変換をしています。

```
text = text.translate({8216: 39, 8217:39, 8220:34, 8221:34, 8212: '--'})
```

最初の要素は文字コード 8216 を 39 に置き換えます。

引数には文字対応を辞書形式で指定します。キーの側が変換元、値側が変換先です。キーも値も、数値でなく文字列でも構いません。引用符を引用符で囲むとくくり文字の対応がわかりづらいから 10 進表記にしただけです。しかし、今度はどんな文字かわかりません。次に対応表を示します。

変換元（全角）				変換先（半角）		
名称	文字	10 進数	コードポイント	文字	10 進数	コードポイント
Left Single Quotation Mark	'	8216	U+2018	'	39	U+0027
Right Single Quotation Mark	'	8217	U+2019	'	39	U+0027
Left Double Quotation Mark	"	8220	U+201C	"	34	U+0022
Right Double Quotation Mark	"	8221	U+201D	"	34	U+0022
Em Dash	—	8212	U+2014	--	45 45	U+002D U+002D

これで、テキストが固有名詞抽出に適した格好に整理されました。sanitize() を通すと、ダウンロード時の 923240 文字から 1 割ほど減りました。

```
>>> len(text)
808798
```

■ extract_nouns

extract_nouns() メソッド（29 〜 35 行目）は入力されたテキストを単語単位に分解し、その中から固有名詞だけを抜き出し、それらのリストを返します。

テキストを単語単位に分けるには、nltk.word_tokenize() メソッドを使います（30 行目）。次の、位置にして 1691 〜 1882 文字目の 1 文から動作を確認します。

```
>>> import nltk                              # インポート
```

```
>>> text[1691:1883]
'On this the rest of the Achaeans with one voice were for respecting the priest
and taking the ransom that he offered; but not so Agamemnon, who spoke fiercely to
him and sent him roughly away.'

>>> words = nltk.word_tokenize(text[1691:1884])
>>> words
['On', 'this', 'the', 'rest', 'of', 'the', 'Achaeans', 'with', 'one', 'voice',
 'were', 'for', 'respecting', 'the', 'priest', 'and', 'taking', 'the', 'ransom',
 'that', 'he', 'offered', ';', 'but', 'not', 'so', 'Agamemnon', ',', 'who',
 'spoke', 'fiercely', 'to', 'him', 'and', 'sent', 'him', 'roughly', 'away', '.']
```

　英文はスペース区切りなので str.split() でも同じことができそうですが、そうすると句読点が前の単語にまとめられてしまうため、単語だけの抽出にはなりません。この文では、末尾が「away」と「.」ではなく、「away.」になります。

　続いて、これらの単語に品詞を付けます。自然言語処理では、この処理を POS タグ付け、タグ付けのメカニズムをタガーと言います。これには、nltk.pos_tag() メソッドを使います（31 行目）。引数には上記の単語リストを指定します。戻り値は単語と品詞をペアにしたタプルのリストです。

```
>>> pos_tags = nltk.pos_tag(words)
>>> pos_tags
[('On', 'IN'), ('this', 'DT'), ('the', 'DT'), ('rest', 'NN'), ('of', 'IN'),
 ('the', 'DT'), ('Achaeans', 'NNPS'), ('with', 'IN'), ('one', 'CD'), ('voice', 'NN'),
 ('were', 'VBD'), ('for', 'IN'), ('respecting', 'VBG'), ('the', 'DT'), ('priest', 'NN'),
 ('and', 'CC'), ('taking', 'VBG'), ('the', 'DT'), ('ransom', 'NN'), ('that', 'IN'),
 ('he', 'PRP'), ('offered', 'VBD'), (';', ':'), ('but', 'CC'), ('not', 'RB'),
 ('so', 'RB'), ('Agamemnon', 'NNP'), (',', ','), ('who', 'WP'), ('spoke', 'VBD'),
 ('fiercely', 'RB'), ('to', 'TO'), ('him', 'PRP'), ('and', 'CC'), ('sent', 'VBD'),
 ('him', 'PRP'), ('roughly', 'RB'), ('away', 'RB'), ('.', '.')]
```

　品詞は記号で書かれています。「V」で始まるのが動詞（Verb）、「N」で始まるのは名詞（Noun）です。詳細は次の URL から確認してください（ソースがペンシルバニア大なのは、NLTK の開発元だから）。

```
https://www.ling.upenn.edu/courses/Fall_2003/ling001/penn_treebank_pos.html
```

　ここで着目しているのは固有名詞である NNP（Proper noun, singular）および NNPS（Proper noun, plural）です。上記で該当するのは「Achaeans」（アカイア人）と「Agamemnon」（アガメ

ムノン）です。固有名詞だけを抜き出すには、配列要素（タプル）の第 1 要素が NNP で始まるものを選択します（32 行目）。

```
>>> [token[0] for token in pos_tags if token[1].startswith('NNP')]
['Achaeans', 'Agamemnon']
```

テキスト全体に対してこの処理を行えば、実行例の箇所で示したように約 9000 の固有名詞が抽出されます。

■ pos_tag の癖

nltk.pos_tag() には癖（というか仕様）があり、ときおり期待とは異なる挙動を示すことがあります。

次の全角引用符を含んだ 1 文を試します（変数 sent に代入されているとします）。

> "Sons of Atreus," he cried, "and all other Achaeans, may the gods who dwell in Olympus grant you to sack the city of Priam, and to reach your homes in safety; but free my daughter, and accept a ransom for her, in reverence to Apollo, son of Jove."

```
>>> nltk.pos_tag(nltk.word_tokenize(sent))
[
 ('"', 'JJ'), ('Sons', 'NNP'), ('of', 'IN'), ('Atreus', 'NNP'), (',', ','),
 ('"', 'NNP'), ('he', 'PRP'), ('cried', 'VBD'), (',', ','), ('"', 'NNP'),
 ('and', 'CC'), ('all', 'DT'), ('other', 'JJ'), ('Achaeans', 'NNS'), (',', ','),
 ('may', 'MD'), ('the', 'DT'), ('gods', 'NNS'), ('who', 'WP'), ('dwell', 'VBP'),
 ('in', 'IN'), ('Olympus', 'NNP'), ('grant', 'NN'), ('you', 'PRP'), ('to', 'TO'),
 ('sack', 'VB'), ('the', 'DT'), ('city', 'NN'), ('of', 'IN'), ('Priam', 'NNP'),
 (',', ','), ('and', 'CC'), ('to', 'TO'), ('reach', 'VB'), ('your', 'PRP$'),
 ('homes', 'NNS'), ('in', 'IN'), ('safety', 'NN'), (';', ':'), ('but', 'CC'),
 ('free', 'JJ'), ('my', 'PRP$'), ('daughter', 'NN'), (',', ','), ('and', 'CC'),
 ('accept', 'VB'), ('a', 'DT'), ('ransom', 'NN'), ('for', 'IN'), ('her', 'PRP$'),
 (',', ','), ('in', 'IN'), ('reverence', 'NN'), ('to', 'TO'), ('Apollo', 'NNP'),
 (',', ','), ('son', 'NN'), ('of', 'IN'), ('Jove', 'NNP'), ('.', '.'), ('"', 'NN')
]
```

全部で 4 つある全角二重引用符は、順に形容詞（JJ）、固有名詞（NNP）、固有名詞、単数名詞（NN）と解釈されます。カンマ , のような他の役物が役物そのものと解釈されるのと大きく違いま

2

す。また、2 語目の「Sons」は複数名詞のはずが、固有名詞と解釈されます。品詞分析が単語単体ではなく、前後の単語に依存して行われるからです。

これらの引用符を半角に置き換えると次のようになります。

```
[
 ('``', '``'), ('Sons', 'NNS'), ('of', 'IN'), ('Atreus', 'NNP'), (',', ','),
 ("''", "''"), ('he', 'PRP'), ('cried', 'VBD'), (',', ','), ('``', '``'),
 ('and', 'CC'), ('all', 'DT'), ('other', 'JJ'), ('Achaeans', 'NNS'), (',', ','),
 ('may', 'MD'), ('the', 'DT'), ('gods', 'NNS'), ('who', 'WP'), ('dwell', 'VBP'),
 ('in', 'IN'), ('Olympus', 'NNP'), ('grant', 'NN'), ('you', 'PRP'), ('to', 'TO'),
 ('sack', 'VB'), ('the', 'DT'), ('city', 'NN'), ('of', 'IN'), ('Priam', 'NNP'),
 (',', ','), ('and', 'CC'), ('to', 'TO'), ('reach', 'VB'), ('your', 'PRP$'),
 ('homes', 'NNS'), ('in', 'IN'), ('safety', 'NN'), (';', ':'), ('but', 'CC'),
 ('free', 'JJ'), ('my', 'PRP$'), ('daughter', 'NN'), (',', ','), ('and', 'CC'),
 ('accept', 'VB'), ('a', 'DT'), ('ransom', 'NN'), ('for', 'IN'), ('her', 'PRP$'),
 (',', ','), ('in', 'IN'), ('reverence', 'NN'), ('to', 'TO'), ('Apollo', 'NNP'),
 (',', ','), ('son', 'NN'), ('of', 'IN'), ('Jove', 'NNP'), ('.', '.'), ("''", "''")
]
```

開き二重引用符はバッククォート 2 つ、閉じ二重引用符はシングルクォート 2 つに置き換わりますが、それでも役物として認識されます。そのサイドエフェクトで 2 語目の「Sons」が複数名詞（NNS）と正しく判定されます。

ここから、全角引用符は半角 ASCII 文字に変換した方がよい結果が得られることがわかります。

詠嘆の「O」（ああ！）も難易度が高いです。

```
Sing, O goddess, the anger of Achilles son of Peleus, that brought countless ills
upon the Achaeans.
```

これは、次のように「Sing」と「O」が固有名詞という扱いになります。ワードクラウドをつぶさに見ると、確かに「O」が含まれています（テキストには 59 か所含まれています）。

```
[('Sing', 'NNP'), (',', ','), ('O', 'NNP'), ('goddess', 'NN'), (',', ','), ...]
```

カンマと詠嘆を除いて「Sing goddess, the anger ...」と変えると、「歌え！」は動名詞（VBG）になります。

```
[('Sing', 'VBG'), ('goddess', 'NN'), (',', ','), ...]
```

しかし、こうした例外はきりがありません。Web スクレイピングでは最小限の努力でやれることだけをやり、得られた結果で満足すべきです。ここでは全角役物 5 文字を置換しただけでそれなりの結果が得られているので、詠嘆による誤認識はスルーします。

■ generate_wc

generate_wc() メソッド（38 ～ 51 行目）は単語のリストを受け取ると、そのワードクラウド画像データを返します。

最初に、得られた単語リストから単語をキー、その出現頻度を値とした辞書を作成します。この形式でなければ、WordCloud が受け付けてくれません[†]。

ある単語の出現頻度は「出現回数÷総単語数」で計算できます。単語出現回数は、list.count() メソッドからカウントできます。総単語数は len() です（計算は 42 行目）。先ほどの extract_nouns() の結果が変数 words に収容されているとして、次に例を示します。

```
>>> size = len(words)                    # 総単語数
>>> size
9523

>>> words.count('Ulysses')               # オデュッセウスの出現回数
41

>>> words.count('Ulysses')/size          # 出現頻度（0.4%）
0.0043053659561106269
```

list.count() は引数と完全一致する要素のみをカウントします。たとえば、リストに「list」と「List」が混在しているときは、それぞれ別に計数されます。そこで、同じ語なら大文字小文字無関係にカウントするよう、単語の書式を揃えます（正規化する）。全部小文字や全部大文字でもよいですが、ここでの対象は固有名詞なので、先頭文字だけ大文字、あとは小文字にします。メソッドは str.capitalize() です（39 行目）。リスト内包表記を用いたループで変換した結果から、最初の 16 語を確かめます。

[†] WordCloud にはテキストを単語単位に分解し、出現頻度を計算する機能もありますが、英語向けです。本章ではよいですが、第 4 章で日本語を扱うときに不都合なので、ここで自力の方法を示しています。

```
>>> words = [word.capitalize() for word in words]
>>> words[:16]
['Iliad', 'Of', 'Homer', 'Rendered', 'English', 'Prose', 'Samuel', 'Butler',
 'Contents', 'Book', 'Book', 'Ii', 'Book', 'Iii', 'Book', 'Iv']
```

あとは、この出現頻度計算をすべての単語について行うだけですが、それには重複のない単語の
リストが必要です。一意なリストは、もとのリストを set で集合にし、これを再度 list に戻せば
得られます（40行目）。ここでは 1283 語あります。

```
>>> unique_words = list(set(words))
>>> len(unique_words)
1283
```

辞書内包表記を用いたループで計算します[†]。unique_words 側がプロパティのキー（key）、list.
count(key) 側が値です（42行目）。

```
>>> probs = {key:words.count(key)/size for key in unique_words}
```

出現頻度の高いものから 10 語確認します。辞書はソートできないので、dict.items() でプロパ
ティをキーと値のタプルにした配列に直し、それをソートしています。

```
>>> sorted(probs.items(), key=lambda tpl: tpl[1], reverse=True)[:10]
[
  ('Trojans', 0.058069935944555284),      # トロイア人
  ('Achaeans', 0.05712485561272708),      # アカイア人（ギリシア人）
  ('Hector', 0.050614302215688335),       # ヘクトル
  ('Jove', 0.047674052294445025),         # ゼウス
  ('Achilles', 0.039903391788302),        # アキレウス
  ('Agamemnon', 0.02089677622597921),     # アガメムノン
  ('Priam', 0.019531660191116244),        # プリアモス
  ('Ajax', 0.018061535230494592),         # アイアス（大）
  ('Minerva', 0.016906437047149007),      # ミネルヴァ
  ('Patroclus', 0.01659141026987294)      # パトロクロス
]
```

[†]　NLTK には出現頻度を計算する nltk.probability.FreqDist クラスがあるので、それを利用す
　　る手もあります。

細かく見ると、ヘクトル（5.1%）の方がアキレウス（4.0%）より出番が多いようです。途中でふてくされて戦に出なかったせいでしょう。

■ WordCloud 画像生成

単語とその出現頻度が得られたら、ワードクラウド画像を生成します。用いるのは、wordcloud パッケージの WordCloud クラスです。デフォルト設定で使うなら、そのままインスタンス化します。

```
>>> import wordcloud
>>> wc = wordcloud.WordCloud()
```

ただ、デフォルトでは画像サイズが 400 × 200 ピクセルとやや小ぶりです。そこで、width と height のキーワード引数からサイズを指定します（45 〜 48 行目）。ここでは 1024 × 768 としています。

```
>>> word_cloud = wordcloud.WordCloud(width=1024, height=768)
```

他に有用な引数に max_words があります。ここまでで得られた一意な単語の数は 1283 語ですが、全部がレンダリングされるわけではありません。頻度の高いもの順に最大で max_words までです。デフォルトは 200 です。先ほどの 10 個の固有名詞だけを示すなら、10 を指定します。

```
>>> word_cloud = wordcloud.WordCloud(width=1024, height=768, max_words=10)
```

その他のキーワード引数は別の章で紹介します。

wordcloud.WordCloud オブジェクトが用意できたら、fit_words() メソッドに単語辞書（probs）を投入することでレンダリングします（49行目）。

```
>>> img = word_cloud.fit_words(probs)
```

戻り値の img は wordcloud.WordCloud オブジェクトなので、直接的には画像としては扱えません。そこで、to_image() メソッドから画像オブジェクトに変換します（51行目で値を戻して、60行目で受ける）。

```
>>> pil_img = img.to_image()
>>> type(pil_img)
<class 'PIL.Image.Image'>
```

この「画像オブジェクト」は第7章で用いる Pillow の画像オブジェクト（PIL.Image）なので、Pillow のメソッドならどれでも作用させることができます。62行目の img.save() は、Pillow の PIL.Image.save() メソッドです。引数に指定したファイル名の拡張子を検出してそのフォーマットで保存するので、拡張子を変えることで好みのフォーマットにできます。たとえば、GIF にしたいのなら text_wc.gif です。

直接ファイルに書き込みたいときは、WordCloud 付属の img.to_file() メソッドを使います。引数のファイル名の拡張子からデータフォーマットを検出するのは、Pillow と変わりません。同じなのは、WordCloud は内部で Pillow の PIL.Image.save() を呼び出しているからです。

wordcloud.WordCloud には to_svg() というメソッドもあります。これは、Pillow がサポートしていない SVG フォーマットで保存をするためのものです。

ストーリーラインを描く

データソース	プロジェクト・グーテンベルグ
データタイプ	英文テキスト（text/plain; charset=utf-8）
解析方法	固有名詞抽出＋対象専用辞書
表現方法	散布図（時系列）
使用ライブラリ	Matplotlib、NLTK、Requests

3.1 目的

■ ストーリーライン図

　本章では、英語で書かれた小説（テキスト文書）から主要登場人物が現れた箇所にマーカーを張り付けた画像（グラフ）を生成します。プロジェクトや工程の管理で用いるガントチャートに似ていますが、始点と終点のある区間ではなく、点が離散的に並びます。グラフの形式で言えば、1 次元の散布図を複数縦に並べたものです。

　次に、ルイス・キャロルの『不思議の国のアリス』から生成した画像を示します。横軸がテキスト中の単語の位置で、縦軸が登場人物です。出現頻度が多い順に上から並べています。

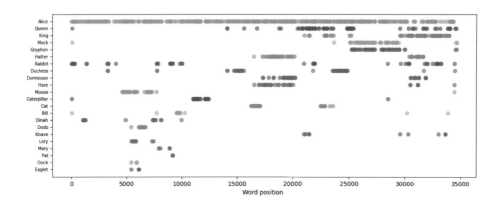

　誰がどこで登場するかを示すことで、ストーリーの流れをおおむね把握できます。プロット図や
ストーリーグラフなどいろいろな呼び名がありますが、ここではストーリーライン図と呼びます。
小説作法のクラスでは顕著なイベントや登場人物のインタラクションを描きますが、ここではキャ
ラクターがどこで出たかのみ示します。どちらかといえば、プロジェクト管理の人的リソース図に
近いです。

　アリスといえばチェシャ猫（上図で Cat）が印象的ですが、意外と出番はありません。主要登
場人物 22 名のうち第 12 位で、中盤でちょこちょこ出てくるだけです。反対に、ハートの王様
（King）は影が薄い割によく登場します（言及される）。1951 年のアニメ映画に引きずられている
筆者の印象があてにならないことがこれでわかります。

■ ターゲット

　例題の『不思議の国のアリス』は、第 2 章と同じくプロジェクト・グーテンベルグから UTF-8
エンコーディングのテキスト版を取得します。書籍番号は 11 番です。

　https://www.gutenberg.org/cache/epub/11/pg11.txt

　こちらも複数のエディションがあります。最もダウンロードの多いものを選びました。

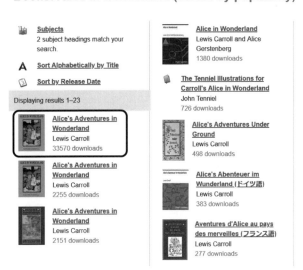

Books: Alice in wonderland (sorted by popularity)

　物語そのものも楽しみたければ、翻訳も多数出ています。河合祥一郎訳の角川文庫版は 2010
年の新訳だそうです（挿画は定番のテニエルのもの）。矢川澄子訳の新潮文庫版は 1994 年発行
です。映画は驚くほどありますが、やはり定番はディズニーアニメの『ふしぎの国のアリス』
（1951）でしょう（『鏡の国のアリス』の話も一部混じっています）。

3.2　方法

■ 手順

　Web アクセスからストーリーライン図の生成までの手順を次に示します。括弧に示したのは、
そのステップで用いる Python の外部ライブラリです。矢印脇は前のステップが出力し、次のステ
ップに入力されるデータです。

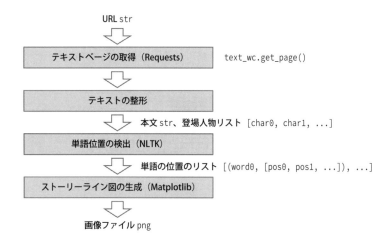

グーテンベルグの UTF-8 英語テキストをダウンロードする手順は第 2 章と変わらないので、text_wc.py で用意した get_page() メソッドをそのまま使います。

　続いてテキスト整形です。こちらも基本は第 2 章と同じですが、このコンテンツの特性にあわせて若干変更します。

　単語位置の検索では、単語単位への分解に NLTK を使います（nltk.word_tokenize() メソッド）。あとは標準的な Python の機能で単語リストから登場人物を探します。登場人物はあらかじめ用意します。NLTK を使って固有名詞を抽出する手もありますが、あとで説明するように誤認識が問題になります。このステップが出力するのはリストです。リストの要素は登場人物名（文字列）と単語位置のリストのタプルで、次のような格好になっています（チェシャ猫のもの）。

```
('Cat', [8458, 8499, 8569, 8620, 10201, 10262])
```

　単語位置は、NLTK による単語分解後の単語リストのインデックスです。二重引用符などの特殊記号や注釈もこのリストには含まれています。次に出だしと終わりの 10 単語を示します。

```
#  0    1               2     3       4  5    6          7   8          9
   [  Illustration  ]  Alice  's   Adventures  in  Wonderland  by
# 34637  34638  34639  34640  34641  34642  34643  34644  34645  34646
   life   ,      and    the   happy  summer  days   .     THE    END
```

　最後にここからストーリーライン図を生成します。WordCloud のようにお任せで全部やってくれるライブラリがあるとよかったのですが、ここでは Matplotlib パッケージで描画します。

■ ターゲットのテキストについて

第2章で見たように、登場人物あるいは登場場所だけをプログラム的に抜き出す処理には、誤差や揺れがつきまといます。とくに、アリスのように固有の名前を持たないグリフォンやうさぎが出てくるような話では、それらが一般名詞か登場人物かの区別が付けられません[†]。

ワードクラウドのようにざくっと全体を見るぶんにはそれでも構いませんが、ストーリーライン図ではそうはいきません。登場人物に「O」（『イリアス』によく出る詠嘆）が出てきたら、『オバケのQ太郎』になってしまいます。

そこで、本章ではアリスの登場人物をあらかじめ用意します。これらにマッチしたところが、その人物の登場場面です。全自動ではないのでずるをしているように思えるかも知れませんが、外部データベースを参照して解析精度を上げるのは正統的な常とう手段です。

もっとも、この手も人称の扱い次第では通じません。「彼」や「彼女」は誰だか同定できませんし、一人称小説も、地の文はよいとして、会話文に出る「俺」や「わたし」がすべて主人公とは限りません。連作短編のように主人公が章単位で変わったら、お手上げです。名前が変化するものも（アレクセイとアリョーシャとリューシェチカが同一人物など、ヒトの読者でも慣れないとわかりません）、姓と名が入り交ざって出てくるのも難問です。

■ Matplotlib

数値の並んだリストをグラフにするには、Matplotlib が便利です。Matplotlib は Python 用のビジュアライゼーションライブラリで、2次元グラフならたいていの形式をサポートしています。次に、Matplotlib の［Example］ページに掲載された標準的なグラフを転載します。

[†] 名前のある登場人物は、アリス以外ではトカゲのビル、アリスの猫のダイナ、白うさぎの召使のパットとメリーアンくらいです。チェシャ猫の「Cheshire」は北西イングランドの地方名なので、「秋田犬」くらいの意味です。

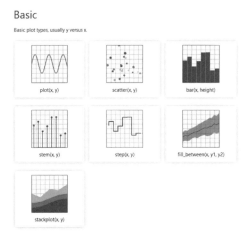

ここで用いるのは上段中央の scatter（散布図）です。
ホームページの URL を次に示します。

```
https://matplotlib.org/
```

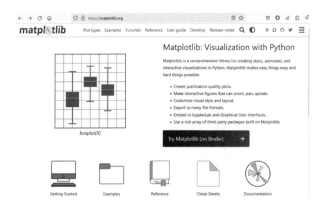

　細かいことはさておき、とりあえず Matplotlib を使いたい、という向きなら、Matplotlib のチュートリアルにある［Quick start guide］がベストです。英語の本文を読まずとも、掲載されているコードとグラフ、それとちょっとした推理能力だけで何とかなります（読んだ方がよいのは確かですが）。URL は次の通りです。

```
https://matplotlib.org/stable/tutorials/introductory/quick_start.html
```

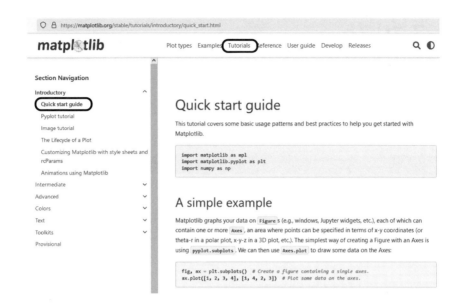

Excelの機能数を考えてもらえればわかるように、グラフにはたくさんの形式と機能があります。Matplotlibにも大量のクラスやメソッドや属性が用意されており、本書ではカバーしきれません。ここでは、散布図を描くことだけを考え、説明はそれに必要な最小限にとどめます。

Pythonには、他にもグラフ描画ライブラリがたくさんあります。普段から使っているものがあれば、そちらでも構いません。数値リストを水平に描画するだけなので、Python標準装備のtkinterでも、PillowやOpenCVでもできます（ちょっと手数が多くなりますが）。

■ セットアップ

外部パッケージは、利用に先立ってインストールしなければなりません。PIPなら、次のように実行します。

```
pip install matplotlib
```

requestsとnltkも利用するので、まだインストールしていないのなら第2章を参照してください。NLTKが利用するリソースも同様に必要なので、nltk.download()メソッドからダウンロードしておきます。

3.3　スクリプト

■ スクリプト

　グーテンベルグのテキスト文書をロードし、ストーリーライン図を生成するスクリプトを次に示します。

---

text_plot.py

```python
import re
import sys
import matplotlib.pyplot as plt
import nltk
import text_wc


CHARACTERS = [
    'Alice',                              # アリス
    'Rabbit',                             # 白うさぎ（White Rabbit）
    'Mouse',                              # ネズミ
    'Dodo',                               # ドードー
    'Lory',                               # ローリー（インコ）
    'Eaglet',                             # 子ワシ
    'Duck',                               # アヒル
    'Pat',                                # パット（白うさぎの召使）
    'Mary',                               # メリーアン（同上）
    'Bill',                               # とかげのビル
    'Caterpillar',                        # 青虫
    'Duchess',                            # 公爵夫人
    'Cat',                                # チェシャ猫
    'Hatter',                             # 帽子屋
    'Hare',                               # 3月ウサギ
    'Dormouse',                           # ヤマネ
    'Queen',                              # ハートの女王
    'King',                               # ハートの王様
    'Knave',                              # ハートのジャック
    'Gryphon',                            # グリフォン
    'Mock',                               # 代用ウミガメ
    'Dinah'                               # ダイナ（アリスの猫）
]

```

```
34  def sanitize(text):
35      s = re.search(r'\*{3} START OF (THE|THIS) PROJECT GUTENBERG.+\*{3}', text)
36      e = re.search(r'\*{3} END OF (THE|THIS) PROJECT GUTENBERG.+\*{3}', text)
37      text = text[s.end()+1:e.start()]
38      text = re.sub(r'[\s_]+', ' ', text)
39
40      print(f'Text sanitized. {len(text)} chars.', file=sys.stderr)
41      return text
42
43
44  def get_word_positions(text, characters=CHARACTERS):
45      words = nltk.word_tokenize(text)
46      wps = []
47      for char in characters:
48          positions = [idx for idx, word in enumerate(words) if word == char]
49          wps.append((char, positions))
50
51      wps.sort(key=lambda tpl: len(tpl[1]))
52
53      print(f'Positions: {[(name, len(positions)) for name, positions in wps]}',
54          file=sys.stderr)
55      return wps
56
57
58  def generate_plot(wps, ystep=5):
59      fig, ax = plt.subplots()
60      fig.set_figwidth(12.8)                          # default (6.4, 4.8)
61      for idx, (name, plots) in enumerate(wps):
62          x = plots
63          y = [(idx + 1) * ystep] * len(plots)
64          ax.scatter(x, y, alpha=0.5)
65
66      ax.set_xlabel('Word position')
67      ax.set_yticks(
68          list([y*ystep for y in range(1, len(wps)+1)]),
69          [name for name, plots in wps],
70          fontsize=7
71      )
72
73      plt.show()
74      return fig
75
76
```

```
77
78  if __name__ == '__main__':
79      print(f'Detecting {len(CHARACTERS)} characters from the text.',
80            file=sys.stderr)
81      url = 'https://www.gutenberg.org/cache/epub/11/pg11.txt'
82      text = text_wc.get_page(url)
83      text = sanitize(text)
84      wps = get_word_positions(text)
85      fig = generate_plot(wps)
86
87      fig.savefig('text_plot.png')
```

■ 実行例

　コンソール／コマンドプロンプトから実行します。ここでは Unix（Windows Subsystem for Linux）からです。スクリプトはアリス専用なので、URL はハードコーディングされています（81行目）。

```
$ text_plot.py
Detecting 22 characters from the text.
https://www.gutenberg.org/cache/epub/11/pg11.txt loaded. 167775 chars. Encoding utf-8.
Text sanitized. 142785 chars.
Positions: [
  ('Eaglet', 3), ('Duck', 3), ('Pat', 3), ('Mary', 4), ('Lory', 7), ('Knave', 9),
  ('Dodo', 13), ('Dinah', 14), ('Bill', 15), ('Cat', 26), ('Caterpillar', 28),
  ('Mouse', 30), ('Hare', 31), ('Dormouse', 40), ('Duchess', 42), ('Rabbit', 47),
  ('Hatter', 55), ('Gryphon', 55), ('Mock', 57), ('King', 61), ('Queen', 75),
  ('Alice', 399)
]
```

　用意した登場人物は全部で 22 名です（出力の 1 行目）。

　総文字数はダウンロード直後は約 17 万（2 行目）、整形後では約 14 万です（3 行目）。4 行目以降は登場人物名とその出現回数です。少ない順にソートしています。一番少ない子ワシやアヒルは 3 回で、アリスはほぼ 400 回です。

　出力するストーリーライン図はハードコーディングで text_plot.png です（スクリプト 87 行目）。

3.4 スクリプトの説明

■ 概要

スクリプトの説明をします。スクリプトファイルは text_plot.py です。

先頭で必要なパッケージをインポートします。重要なのはグラフプロットの matplotlib です。パッケージには多様なモジュールが含まれているので、プロットを担当する matplotlib.pyplot だけを取り込みます。フルに書くと長いので ... as plt でエイリアスを用意します（3 行目）。

nltk をテキスト解析に（4 行目）、re をテキストの整形に（1 行目）、sys を標準エラー出力とコマンドライン入力に（2 行目）使うのは、第 2 章と同じです。

Requests を用いた HTTP アクセスは第 2 章で用意した text_wc.py の get_page() をそのまま使います（インポートは 5 行目、呼び出しは 82 行目）。Python では自作のモジュール（ファイル）も既存のものと同様にインポートできます。このとき、ファイル拡張子の .py は指定しないところに注意します（text_wc のみ）。インポートするファイルは、Python のライブラリパスに含まれていなければなりません。ここでは、カレントディレクトリにターゲットのファイルがあるものとしています。これで、text_wc.get_page() と書くことでメソッド利用できます。

スクリプトには次の 3 つのメソッドを用意しました。

メソッド	使用ライブラリ	用途
sanitize()	re	テキストを整形する。
get_word_positions()	nltk	テキストから登場人物の位置リストを取得する。
generate_plot()	matplotlib.pyplot	登場人物名と位置リストからストーリーライン図を生成する。

メイン部分（78 行目の if __name__ == '__main__': 以降の、コンソールから実行されたときに実行されるコード）では、最初に text_wc.get_page() からテキストをダウンロードしてから、上記を記載順に呼び出します。

■ CHARACTERS

スクリプトの先頭で登場人物名を列挙します（8 ～ 31 行目）。NLTK の品詞付けだけに頼ると、登場人物以外の固有名詞もピックアップされるからです。参考までに第 2 章の text_wc.py で生成したアリスの固有名詞ワードクラウドを示します。

感嘆詞や動詞が含まれてしまうのは第 2 章でも見ましたが、ここでの最大の問題は複合語です。単語分解の弊害で、固有名詞の「White Rabbit」（白うさぎ）や「Mock Turtle」（代用ウミガメ）が 2 つに分割されてしまいます[†]。

対処策はいろいろ考えられますが、ここでは主要登場人物を 1 語で列挙するという最もシンプルな手を使います[‡]。登場人物に使われる一般名詞は先頭が大文字なので、判別しやすいという利点もあります。白うさぎは「Rabbit」、メイドのメリーアンは「Mary」、チェシャ猫は「Cat」だけとします。猫は他にもアリスの猫のダイナ（Dinah）が登場しますが、先頭は小文字です（「Dinah's our cat」）。

■ sanitize

sanitize() メソッド（34 〜 41 行目）は、入力されたテキストを整理します。基本は第 2 章と同じで、「START/END OF THE PROJECT」マーカーを目印に本文を抜き出し、扱いにくい文字を削除するのが目的です。

しかし、前章ほど細かい指定は要りません。nltk.pos_tag() メソッドによる品詞判断に頼るわけではないので、役物も含めて単語単位に分解できればよいからです。テキストには全角引用符も使われていますが、nltk.word_tokenize() メソッドが他の語から分離するので、そのまま放置して構いません。

しかし、下線の代わりに用いられるアンダースコア _ は次に示すように分離されないので、削除します。

[†] いわゆる「いかれ帽子屋」（Mad Hatter）は原作ではただの Hatter で、mad であるという言及はあっても、そう呼ばれることはありません。

[‡] NLTK には複合語を登録することで 1 語として単語分解をする nltk.tokenize.MWETokenizer クラスもあります。しかし、「The Rabbit」と「White Rabbit」は同一人物なので、あとで合算しなければなりません。

```
>>> import nltk
>>> sample = 'Down, down, down. Would the fall _never_ come to an end?'
>>> nltk.word_tokenize(sample)
['Down', ',', 'down', ',', 'down', '.', 'Would', 'the', 'fall', '_never_', 'come',
 'to', 'an', 'end', '?']
```

　ここでは、不要文字の文字集合（[]）に空白（\s）とアンダースコア（_）を使います（38行目）。

```
>>> import re
>>> re.sub(r'[\s_]+', ' ', sample)
'Down, down, down. Would the fall never come to an end?'
```

■ get_word_positions

　get_word_positions() メソッド（44 〜 55 行目）は、CHARACTERS でリストした登場人物の登場箇所をワード位置で取得します。個々の登場人物のデータは (登場人物 , [登場位置]) のタプルで、登場位置はリストです。メソッドは、このタプルをすべての登場人物について収容したリストを返します（55 行目）。

　方法はシンプルで、最初に nltk.word_tokenize() で単語単位に分解し、登場人物文字列と一致する単語の位置を取得するだけです（48 行目）。幸いなことに、登場するキャラクターは常に先頭大文字なので、大文字小文字をそのまま区別して検索できます。整形済みの段落 1 つから手順を確認します。

```
>>> text = '''Very soon the Rabbit noticed Alice, as she went hunting about, and
... called out to her in an angry tone, "Why, Mary Ann, what are you
... doing out here? Run home this moment, and fetch me a pair of gloves and
... a fan! Quick, now!" And Alice was so much frightened that she ran off
... at once in the direction it pointed to, without trying to explain the
... mistake it had made.
... '''

>>> words = nltk.word_tokenize(text)              # 単語分解
>>> words
['Very', 'soon', 'the', 'Rabbit', 'noticed', 'Alice', ',', 'as', 'she', ...,
 'without', 'trying', 'to', 'explain', 'the', 'mistake', 'it', 'had', 'made', '.']
```

```
>>> [idx for idx, word in enumerate(words) if word == 'Alice']
[5, 58]
>>> [idx for idx, word in enumerate(words) if word == 'Mary']
[26]
>>> [idx for idx, word in enumerate(words) if word == 'Rabbit']
[3]
```

アリスは単語順で 5 番目と 58 番目に、メリーアンは 26 番目に、白うさぎは 3 番目に登場することがわかります。単語とそのインデックス番号の両方を得るのに、enumerate() メソッドを用いているところがポイントです。

これをすべての登場人物（8 〜 31 行目）についてループして行えば完了です。あとは、得られたリストを出現回数の小さい順にソートします（51 行目）。

```
>>> wps.sort(key=lambda tpl: len(tpl[1]))
```

Python のソートメソッドには sort() と sorted() の 2 種類がありますが、前者は作用させるリストそのものを上書きし（インプレイス変換）、後者はもとのリストは変更せずに変更後のリストを返します。ソート方法は key キーワード引数から指定します。ここではラムダ式を使っています。ソート基準は、入力されるタプル tpl の 1 番目の要素である登場位置のリストの長さ（len(tpl[1])）です。

ソート順はデフォルトでは小さい順です（大きい順にするには reverse=True キーワード引数を指定）。大きい順にしないのは、次段のグラフプロット時に下（グラフ原点に近い方）から描けるからです。

このメソッドの出力は多くはないので、標準エラー出力に書き出します（53 〜 54 行目）。

■ Matplotlib

グラフ描画の generate_plot() の前に、Matplotlib の基本を説明します。

Matplotlib でグラフを描くには、最初にグラフ描画エリア（オブジェクト）を作成します。これが 59 行目の fig, ax = plt.subplots() です。このメソッドが 2 つのオブジェクトを返すのは、描画エリアとその上に張り付けるグラフそのものというグラフ作成に必須の 2 つの要素を同時に返すコンビニエンスメソッドだからです（2 つ別々に作成するなら plt.figure() と plt.subplot()）。

fig が描画エリアで、オブジェクトクラスは matplotlib.figure.Figure です（以下 Figure）。表示ウィンドウ、あるいはキャンバスと考えてください。ax がグラフで、matplotlib.axes.Axes イ

ンスタンスです（Axes）。Axes にはグラフそのもの、タイトル、軸ラベルなどが含まれます。グラフは複数用意できますが、ここでは 1 つのみのケースを扱います（複数グラフは第 6 章で説明します）。

```
>>> import matplotlib.pyplot as plt          # インポート
>>> fig, ax = plt.subplots()                 # 描画オブジェクト作成
```

　描画エリアの Figure はデフォルトでは 6.4 × 4.8 インチです。インチなどという某国ローカルな単位が使われているのは、ピクセルサイズに直すときに DPI（dots per inch）が使われるからです（だと思う）。デフォルト DPI は 100 なので、デフォルトの描画エリアサイズは 640 × 480 ピクセルです。

　Matplotlib はこのサイズに収まるようにグラフを描画します。本章のように横に長いグラフを描きたいなど、横幅を変更するには Figure.set_figwidth() メソッドを使います。ここでは 12.8 インチ（1280 ピクセル）を指定しています（60 行目）。設定したサイズは Figure.get_size_inches() で取得できます。DPI は Figure.get_dpi() です。

```
>>> fig.set_figwidth(12.8)                    # 横幅設定（インチ！）

>>> fig.get_size_inches()                     # 横縦の寸法ゲット
array([12.8,  4.8])

>>> fig.get_dpi()                             # DPIの設定ゲット
100.0
```

　あとは、X 軸と Y 軸のデータを ax に与えれば、描画は完了です。Pandas の DataFrame や NumPy の numpy.ndarray からデータを投入する用例をよく見かけますが、素朴な用法では普通のリストで十分です。次の例では、0.1 刻みで –5 から 5 までの X 軸データ、それぞれの x に対応する sin 値で埋めた Y 軸データを用意し、ax.plot() メソッドにこれらを引き渡すことでグラフを描画します（第 1 引数が x、第 2 引数が y）。

```
>>> import math
>>> x = [x/10 for x in range(-50, 50)]        # –5.0～5.0（0.1刻み）
>>> y = [math.sin(dx) for dx in x]            # そのsin値

>>> ax.plot(x, y)                             # 描画
[<matplotlib.lines.Line2D object at 0x000002844A04BDF0>]
```

グラフ画像を表示するには plt.show() メソッドです。

```
>>> plt.show()
```

　グラフウィンドウを表示するには、その環境にディスプレイがなければなりません。仮想マシン（VMware や Windows Subsystem for Linux）には物理的なディスプレイが存在しないので、表示はできません。ディスプレイのある OS 側から操作します。あるいは、いったん保存し、画像ビューワーから表示します。

　画像を次に示します。点と点の間は自動的に補完されるので、もとデータが 0.1 刻みの飛び飛びであっても、グラフはスムースです。また、横軸縦軸の範囲も自動で最適な大きさにしてくれます。描画エリア（Figure）自体は 1280 × 480 ですが、これには下の操作インタフェースは含まれていません。

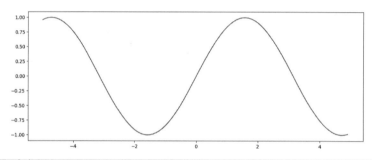

　画像ファイルとして保存するには、fig.savefig() です。画像フォーマットは引数に指定したファイル名の拡張子から推定してくれますが、サポートされているのは（使用しているパッケージの中身によりますが）PNG、PDF、SVG くらいなので、.png を指定するのが順当です。本章の generate_plot() は fig を返すので（74 行目）、メインの側でハードコーディングなファイル名で保存しています（86 行目）。

```
>>> fig.savefig('text_plot.png')
```

■ generate_plot

　Matplotlib の必要事項がわかったところで、ストーリーラインの描画に入ります。

　ストーリーラインは、登場人物の登場箇所を横軸に、水平にプロットしていくだけです。先ほどは標準的な Axes.plot() メソッドを用いましたが、ここでは散布図を描きたいので（点と点の間を補完してもらっては困る）、Axes.scatter() を使います。

　各登場人物の横位置（X 座標）は単語位置で、すでにリストが得られています。縦位置（Y 座標）は固定値で、出現回数の低い順に 5 ずつ増やします。最も少ない子ワシは Y=5 の位置、最多のアリス（下からカウントして 22 番目）は Y=22 × 5 = 110 です。この計算をしているのが 63 行目です。X 座標と Y 座標のデータの個数は一致していなければならないので、Y 座標値はインデックス番号＋ 1（0 から始まるので 1 つ下駄を履かせる）に縦方向のステップ数の 5 を掛けたリストを len(plots) 倍することで得ます。

　ダイナ（猫）のデータから例を示します。0 からカウントして下から 8 番目なので、Y 位置は 45 です。変数 x にダイナの登場位置がリストとして収容されているとします。

```
>>> x = [1053, 1069, 1090, 1238, 1250, 4905, 7357, 7389, 7421, 7579, 7620,
  8083, 8165, 9972]
>>> y = [(8 + 1) * 5] * len(x)
>>> y
[45, 45, 45, 45, 45, 45, 45, 45, 45, 45, 45, 45, 45, 45]
```

　このデータを Axes.scatter() に指定すれば、Matplotlib が自動的に描画してくれます（64 行目）。

```
>>> ax.scatter(x, y, alpha=0.5)
```

　x、y のデータ列以外にも、キーワード引数の alpha を指定しています。マーカーの透明度（0 が完全透明、1 が完全非透過）を指定するもので、指定の 0.5 は半分透過なので、丸が重なったときに重なった部分ほど濃くなり、点が詰まったときでもその密度がわかります。

　色は系列単位で自動的に変化します。たとえば、（モノクロ紙面ではわかりませんが）最初にプロットされる子ワシは青っぽい色で、次のアヒルはオレンジっぽい色です。デフォルトでは全部で 10 色用意されているので、（下から）11 番目の青虫のところでもとの青っぽい色に戻ります。色が循環するので、これをサイクラーと言います。デフォルト色は、Matplotlib の各種デフォルト値を収容している matplotlib（plt ではなく 1 つ上のメインのモジュール）の rcParams（辞書のようなもの）に収容されている axes.prop_cycle キーに収容されています。

```
>>> import matplotlib
>>> matplotlib.rcParams['axes.prop_cycle']
cycler('color', [
  '#1f77b4',                              # SteelBlue
  '#ff7f0e',                              # DarkOrange
  '#2ca02c',                              # ForestGreen
  '#d62728',                              # Crimson
  '#9467bd',                              # MediumPurple
  '#8c564b',                              # Sienna
  '#e377c2',                              # Orchid
  '#7f7f7f',                              # Gray
  '#bcbd22',                              # Goldenrod
  '#17becf'                               # DarkTurquoise
])
```

参考までにこれらの色に最も近い HTML/CSS 色名をコメントで示しました（RGB 値に最も近い既存の色名の探し方は付録 A.10 で説明しています）。

66 行目の ax.set_xlabel() メソッドは X 軸見出しの設定です（デフォルトではなし）。使ってはいませんが、Y 軸見出しの設定は ax.set_ylabel() です。

67 ～ 71 行目の ax.set_yticks() メソッドは Y 軸目盛りの設定です。Y 位置は描画上は数値なので、ほっておくと 5 から 110 まで 5 刻みの値になります。ここは登場人物名にしたいところです。これには、数値と文字列の対応表（たとえば 45 ＝「ダイナ」）を用意します。第 1 引数（68 行目）が数値側のリストで、5（ystep）ステップでの 5 ～ 110 の範囲の値です。第 2 引数（69 行目）がそれに対応する名前です。ついでに、フォントのサイズも指定します。7 ポイントと小さいのは描き込めるスペースが少ないからです。

ポイントは文字高の単位で、1 ポイントが 1/72 インチです。描画エリアは 100 DPI に設定されているので、7 ポイントをピクセル数に直すと高さ 10 ピクセル弱です。

```
>>> 7 / 72 * 100
9.722222222222223
```

これで終わりです。

Matplotlib には Excel で設定可能な機能ならたいてい用意されています。グラフの色や見栄えを調整は、Axes オブジェクトの属性またはメソッドから行います。これらは Matplotlib の [References] セクションで matplotlib.axes から調べられます。次の画面は Axes クラスのもので、属性はそこから、メソッドは左パネルに並んでいます。

HTMLページから
ワードクラウドを
生成する

データソース	カットシステム（出版目録）
データタイプ	日本語HTMLテキスト（text/plain；文字エンコーディング不明）
解析方法	HTMLタグ解析＋名詞抽出＋ブラックリストによる単語除外
表現方法	ワードクラウド
使用ライブラリ	Beautiful Soup、Chardet、Janome、NumPy、Requests、WordCloud

4.1 目的

■ ワードクラウド

本章では、HTMLで書かれた日本語ページからワードクラウドを生成します。ワードクラウドの用法は第2章で示しましたが、デフォルトでは日本語に対応できません。本章ではフォント指定に加え、色の変更とマスク画像を使った型抜きを示します。

次に、本書の出版社であるカットシステムの書籍一覧ページから生成した画像を示します。抜き型は猫のシルエットです。

　抽出対象は固有名詞と一般名詞です。ターゲットのページには書籍タイトルがリストアップされているので、ワードクラウド画像から出版傾向を視認できます。この画像からだと、出版社のメインはコンピュータ書で、とくに言語系や MS Office 関連を多く出版していることがわかります。

　ここでは、所定の単語を削除することで処理をより洗練させます。第 3 章ではピックアップする単語のリスト、つまりホワイトリストを準備しましたが、その反対のブラックリストを使うわけです。本章の方法は、ターゲットにあわせたブラックリストを用意すれば、ほとんどの日本語サイトに適用できます。

■ ターゲット

　例題のカットシステムのトップページは次に示す URL からアクセスできます。

```
https://www.cutt.co.jp/
```

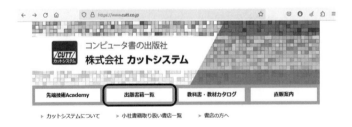

　書籍一覧は上部メニューの［出版書籍一覧］ボタンから、あるいは次の URL からアクセスできます。

```
https://www.cutt.co.jp/book/index.html
```

アクセス直後には新刊書だけが抜粋表示されますが、検索フィールド脇の［全表示］ボタンをクリックすると、全書籍がリストアップされます（本章執筆時点で約 540 冊）。

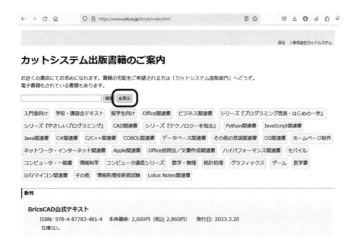

4.2 方法

■ 手順

Web アクセスからワードクラウドの生成までの手順を次に示します。括弧に示したのは、そのステップで用いる Python の外部ライブラリです。矢印脇は前のステップが出力し、次のステップに入力されるデータです。

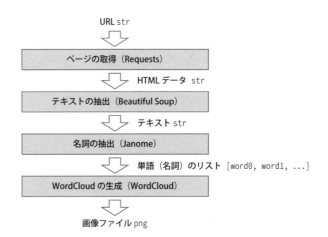

　指定の URL から HTTP を介して HTML ページを取得する最初のステップには、Requests パッケージを利用します。基本構造は第 2 章の text.wc.get_page() メソッドと同じですが、日本語テキストの文字化け対策を追加します。

　ページをダウンロードしたら、HTML から可読テキストだけを抽出します。ここで「可読テキスト」はヒトがブラウザで読むことのできるテキスト部分で、もとの HTML データからタグ、コメント、JavaScript や CSS を取り除いたものです。これまで同様、可読テキストから改行などの夾雑物を除きます。

　次は単語への分解です。NLTK は英語用なので、ここでは Janome パッケージを使います。品詞にもとづく抽出も Janome が処理してくれます。

　最後に、得られた単語リストから WordCloud でワードクラウドを生成します。骨格はこれも第 2 章と同じです。

■ ターゲットのテキストについて

　本章のターゲットページでは、それぞれの書籍は次のように表示されます。

情報演習51 ステップ30
留学生のためのPowerPoint 2019ワークブック（ルビ付き）
ISBN: 978-4-87783-791-4　本体価格: 900円（税込 990円）　発行日: 2020.12.25　本文フルカラー
在庫あり 直販案内　　電子書籍:大学生協

　HTML も併せて示します。括弧の税込価格や在庫状況など HTML にはない、あるいはその逆に HTML にあってブラウザには表示されない項目は、JavaScript あるいは CSS によるものです。本書では HTML に書かれたテキストだけが対象です。

```
<article>
  <h3><a href="978-4-87783-791-4.html">情報演習51 ステップ30 <br>
    留学生のためのPowerPoint 2019ワークブック（ルビ付き）</a></h3>
  <ul class="information">
    <li class="isbn">ISBN: 978-4-87783-791-4</li>
    <li class="price">本体価格: 900円</li>
    <li>発行日: 2020.12.25</li>
    <li>本文フルカラー</li>
  </ul>
  <ul class="indicator">
    <li><a class="電子書籍生協" href="https://coop-ebook.jp/asp/..."></a></li>
  </ul>
  <ul class="category">
    <li>学校・講習会テキスト</li>
```

```
      <li>Office関連書</li>
      <li>留学生向け</li>
   </ul>
</article>
```

どの書籍にも ISBN、本体価格、発行日があります。これらは本の数だけ登場するので（500 以上）、おそらく最も頻出する語です。ということは、それらがこのページの特徴を捕えた重要な語であるかのようにワードクラウドで大きく描かれることになります。おそらく、それが知りたい情報ではないでしょう。

そこで、単語分解と品詞選択後のリストから「本体」、「価格」、「ISBN」、「本文」、「カラー」の 5 語は除外します。「本体価格」ではなく「本体」と「価格」なのは、Janome がこれを 2 つに分けるからです。

画面上 3 行目の文（HTML なら \<ul class="information"\> の 4 つの \<li\> のテキスト）を Janome で処理したときの結果を抜粋して次に示します。

```
>>> from janome.tokenizer import Tokenizer          # Janomeインポート
>>> t = Tokenizer()                                 #  準備
>>> ul = 'ISBN: 978-4-87783-791-4 本体価格：900円 発行日：2020.12.25 本文フルカラー'
>>> words = t.tokenize(ul)
>>> for w in words:
...      print(w)
...
ISBN    名詞,固有名詞,組織,*,*,*,ISBN,*,*              # ✔除外リストに入れる
978     名詞,数,*,*,*,*,978,*,*                      # 名詞だが数
本体    名詞,一般,*,*,*,*,本体,ホンタイ,ホンタイ         # ✔除外リストに入れる
価格    名詞,一般,*,*,*,*,価格,カカク,カカク             # ✔除外リストに入れる
円      名詞,接尾,助数詞,*,*,*,円,エン,エン              # 名詞だが接尾
発行    名詞,サ変接続,*,*,*,*,発行,ハッコウ,ハッコー       # 名詞だがサ変
日      名詞,接尾,一般,*,*,*,日,ビ,ビ                   # 名詞だが接尾
本文    名詞,一般,*,*,*,*,本文,ホンブン,ホンブン          # ✔除外リストに入れる
フル    名詞,形容動詞語幹,*,*,*,*,フル,フル,フル          # 名詞だが形容動詞
カラー  名詞,一般,*,*,*,*,カラー,カラー,カラー            # ✔除外リストに入れる
```

出力 2 列目（先頭行なら「名詞,固有名詞,組織,*,*,*,ISBN,*,*」）の最初の数語が品詞を示しています。抽出対象の単語はこの列の 1 語目が名詞、2 語目が固有名詞あるいは一般なものなので、そうではない円や発行・日は品詞選択時に除外されます。

ブラックリストに載せるのは、コメントに ✔ のある単語です。他にも除外すべき語はありそうですが、本章のターゲットならこれで十分です。

　これら 5 語を除くとほぼ \<h3\> のテキストだけになるので、それだけを選択的に抽出するという手も考えられます。可読テキストをとりあえず取ってきてから不要な語を省くのと、HTML タグ指定で抽出するのと、どちらが楽かは状況次第です。

　前者は HTML の構造に依存しないので、比較的簡単です。ブラックリストの準備は手間ですが、どのタグに何が書かれているかを目視で確認するよりは楽でしょう。重要な要素を含むタグが 1 つだけとも限りませんから、後者の方法では生の HTML を上から下まで吟味しなければなりません。半面、タグ指定だと狙いに近いテキストを取得できます。本章では知らなければならないことが少なくて済むという理由から、可読テキスト抽出＋ブラックリストの方法を選択しています。

■ Beautiful Soup

　Beautiful Soup は HTML テキストの解析ツールです。HTML タグをキーにページの構成要素にアクセスできるので、たとえばアンカー要素のリンク（\<a href="xxxx"\> の xxxx 部分）を抽出する、テーブルを抜き出すといった操作ができます。いろいろな機能がありますが、本章では、ブラウザで表示したときに読み手の目に映るテキストを抽出する get_text() メソッドだけを利用します。

　ホームページの URL を次に示します。ドキュメントは日本語版もあります。10 年ほど前の 4.2.0 の訳ですが、メジャー番号は現行バージョンと同じなので、本書のように基礎しか利用しないなら十分です。

```
https://www.crummy.com/software/BeautifulSoup/bs4/doc/   # オリジナル版
http://kondou.com/BS4/                                    # 日本語版
```

　本書執筆時点の最新バージョンは 4.12.2 です。バージョン 4 なので、略して bs4 と呼ばれます。

　HTML パーザーが「Beautiful Soup」と名付けられているのは、文法的にも構造的にも狂っている HTML テキストが「tag soup」（タグのごった煮）と呼ばれ、そんな入り乱れたデータソースに

も対処できることがこのパッケージの目標だからです。名称はまた、第3章で利用した『不思議の国のアリス』の第10章で代用ウミガメ（Mock Turtle）が歌う『ウミガメスープ』の1節からも来ており、随所にアリスの挿画があるのはそのためです。次に、その1節を示します（私訳）。

> すてきなスープ こくがあって みどりいろ
> あったかボウルでおまちかね
> くびをのばさずには いられない
> こよいのスープは すてきなスープ

▮ Janome

　ワードクラウドを生成するには、テキストを単語単位に分解しなければなりません。しかし、日本語にはNLTKは使えませんし、単語間スペースもないので str.split() も効きません。そこで、日本語用形態素解析ライブラリのJanomeを用います（専門用語は気にしなくてよいです）。

　ホームページのURLを次に示します。挿画の傘からわかるように、Janomeは傘の模様の「蛇の目」です。

    https://mocobeta.github.io/janome/

　Janomeは、NLTKでは2つに分かれていた単語への分解と品詞判定が1つにまとめられています。「吾輩は猫である。」からその動作を示します。

```
>>>  from janome.tokenizer import Tokenizer      # インポート
>>>  t = Tokenizer()                             # オブジェクト生成
```

```
>>>  for token in t.tokenize('吾輩は猫である。'):          # 分解して表示
...      print(token)
...
吾輩    名詞,代名詞,一般,*,*,*,吾輩,ワガハイ,ワガハイ
は      助詞,係助詞,*,*,*,*,は,ハ,ワ
猫      名詞,一般,*,*,*,*,猫,ネコ,ネコ
で      助動詞,*,*,*,特殊・ダ,連用形,だ,デ,デ
ある    助動詞,*,*,*,五段・ラ行アル,基本形,ある,アル,アル
。      記号,句点,*,*,*,*,。,。,。
```

■ Mecab IPADIC

　Janome は、Mecab の IPADIC という辞書を利用しているので、上記の品詞構成はそちらから調べます。Mecab（和布蕪）は、京都大学と NTT 通信研究所がジョイントで開発した形態素解析ツールです（C++ で書かれています）。

　ホームページは次の URL からアクセスできます。もっとも、細かい点を正確に調べたいときに必要なだけであって、本章のように備え付けの辞書をそのまま使い、品詞情報をさくっとチェックするだけなら、読まなくても問題ありません。

　　　https://taku910.github.io/mecab/

　IPADIC は IPA 辞書という意味で、IPA は独立行政法人 情報処理推進機構の頭文字です。歴史的な経緯が入り組んでややこしいのですが、最初 IPA が辞書を開発し、それを奈良先端大の ChaShen（茶筌）という別の形態素解析ツールが利用し、それを Mecab が利用し、それが Janome に使われたという経緯のようです。

　さておき、Janome で使われている辞書は、主として次の表に示す要素で構成されています（例は上記の実行例から）。

名称	属性名	例	注
表層形	surface	吾輩	入力文にある単語。
品詞	part_of_speech	名詞 , 代名詞 , 一般 , *	4 つの品詞要素の連結。
活用型	infl_type	特殊・ダ	活用がなければ * (Inflected type)。
活用形	infl_form	連用形	活用がなければ * (Inflected form)。
原形	base_form	だ	活用があるときはそのおおもとの書き方（猫で→猫だ）。辞書の見出しに出る語。
読み	reading	ワガハイ	辞書上の読み。
発音	phonetic	ワ	発音が読みと異なることもある（吾輩は→吾輩わ）。

品詞がカンマ区切りの 4 要素構成なのは、単語がツリー状の 4 階層構造で分類されているからです。トップレベルがいわゆる品詞で、これに細分類が最大で 3 つ続きます。次に名詞の構造を一部示します。「吾輩」はトップレベルが名詞、第 2 レベル（細分類 1）が代名詞、第 3 レベル（細分類 2）が一般に分類されます。第 4 レベル（細分類 3）はないので * です。「猫」は名詞＞一般で、残りはないので 2 つの * が続きます。

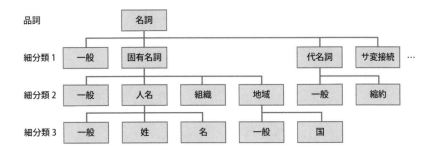

Mecab の品詞構成は、次の開発者の Github ページから確認できます。

https://github.com/taku910/mecab/blob/master/mecab-ipadic/pos-id.def

辞書要素は、Janome による単語分解後の単語オブジェクト（janome.tokenizer.Token）から上記表の属性名欄に示した属性で取得できます。「吾輩は猫である。」の最初の単語「吾輩」から表層系だけを抽出するには、次のようにします。

```
>>>  words = list(t.tokenize('吾輩は猫である。'))          # tokenizeの結果をリスト化
>>>  words[0].surface
'吾輩'
```

同様に、品詞を得るには part_of_speech 属性です。

```
>>>  words[0].part_of_speech
'名詞,代名詞,一般,*'
```

品詞と細分類はカンマ , で連結されているので、分解するには str.split() です。

```
>>>  words[0].part_of_speech.split(',')
['名詞', '代名詞', '一般', '*']
```

■ NumPy

NumPy は Python の数値計算パッケージです。本書ではなるべく使わないようにしていますが（便利ですが、行列は敷居が高いので）、WordCloud に枠抜き画像を読み込ませるのに NumPy が必要です（ここと第 10 章でしか使いません）。

本章での利用は必要最小限なので、詳細は次に URL を示すホームページから調べてください。

```
https://numpy.org/
```

■ Pillow

画像処理パッケージです。こちらも WordCloud に枠抜き画像を読み込ませるためにのみ使用します。第 7 章～第 9 章で多用するので、そちらで説明します。

■ セットアップ

外部パッケージは、利用に先立ってインストールしなければなりません。PIP なら、次のように実行します。

```
pip install beautifulsoup4
pip install janome
pip install numpy
pip install pillow
```

Beautiful Soup は現行のバージョン 4 を使うので、インストール時にはバージョン番号込みで beautifulsoup4 と指定します。

Mecab IPADIC は Janome に付属しているので、とくに設定の必要はありません。requests と wordcloud も利用するので、まだインストールしていないのなら第 2 章を参照してください。

4.3 スクリプト

■ スクリプト

出版社の出版目録 HTML ページをロードし、ワードクラウド画像を生成するスクリプトを次に示します。

html_wc.py

```
 1  import re
 2  import sys
 3  from bs4 import BeautifulSoup as bs
 4  from janome.tokenizer import Tokenizer
 5  import numpy as np
 6  from PIL import Image
 7  import requests
 8  import wordcloud
 9
10
11  def get_page(url):
12      resp = requests.get(url)
13      if resp.status_code != 200:
14          raise Exception(f'HTTP failure. Code {response.status_code}.')
```

```
15
16      if resp.encoding == 'ISO-8859-1':
17          resp.encoding = resp.apparent_encoding
18          print(f'Changing the encoding to {resp.encoding}.', file=sys.stderr)
19
20      print(f'{url} loaded. {len(resp.text)} chars. Encoding {resp.encoding}.',
21              file=sys.stderr)
22      return resp.text
23
24
25  def extract_text(html_text):
26      soup = bs(html_text, 'html.parser')
27      text = soup.get_text()
28      text = re.sub(r'\s+', ' ', text)
29      return text
30
31
32  def extract_nouns(text):
33      REMOVE_WORDS = ['本体', '価格', 'ISBN', '本文', 'カラー']
34
35      t = Tokenizer()
36      words = t.tokenize(text)
37      regexp = re.compile(r'^名詞,(固有名詞|一般)')
38      # regexp = re.compile(r'^名詞,固有名詞')
39      nouns = [w.surface for w in words if regexp.search(w.part_of_speech)]
40      nouns = [n for n in nouns if len(n) > 1]
41      nouns = [n for n in nouns if n not in REMOVE_WORDS]
42
43      print(f'Nouns extracted. {len(nouns)} words.', file=sys.stderr)
44      return nouns
45
46
47  def generate_wc(words, mask=None):
48      unique_words = list(set(words))
49      size = len(words)
50      probs = {key:words.count(key) for key in unique_words}
51
52      if mask is not None:
53          mask_img = Image.open(mask)
54          mask_arr = np.array(mask_img)
55          print(f'Mask {mask} used. {mask_img.size}', file=sys.stderr)
56
57      word_cloud = wordcloud.WordCloud(
```

```
58              font_path='/mnt/c/Windows/Fonts/UDDigiKyokashoN-R.ttc',
59              background_color='lightgray',
60              mask=mask_arr,
61              contour_color='gray',
62              contour_width=2,
63              colormap='twilight'
64          )
65      img = word_cloud.fit_words(probs)
66
67      return img.to_image()
68
69
70
71  if __name__ == '__main__':
72      url = sys.argv[1]
73      html_text = get_page(url)
74      text = extract_text(html_text)
75      words = extract_nouns(text)
76      img = generate_wc(words, mask='Cat.png')
77
78      img.save('html_wc.png')
```

■ 実行例

コンソール／コマンドプロンプトから実行します。コマンド引数にはターゲットのサイトの URL を指定します。

```
$ html_wc.py https://www.cutt.co.jp/book/index.html
Changing the encondig from ISO-8859-1 to utf-8.
https://www.cutt.co.jp/book/index.html loaded. 228463 chars. Encoding utf-8.
Nouns extracted. 2914 words.
Mask Cat.png used. (800, 800)
```

URL からダウンロードした HTML テキストは、最初 ISO-8859-1（西欧文字）と判定されました（出力の 1 行目）。しかし、これは日本語ページなので、使われている文字から UTF-8 であると判定し直しています。

ダウンロードした HTML テキストは、タグも含めて全部で約 23 万文字ありました（2 行目）。そこから、名詞（固有名詞と一般）が 2914 語抽出されました（3 行目）。

ワードクラウド画像のサイズは枠抜き画像にあわせられます。ここでは次に示す 800 × 800 の

Cat.png を使っているので、できあがりもそのサイズです（スクリプト 76 行目）。枠抜き画像は背景が白、前景が黒なところがポイントです（技術的な理由で、黒猫ファンだからという理由ではありません）。

　画像は 78 行目でハードコーディングしてあるファイル html_wc.png に保存されます。好みの画像ビューワーで閲覧できます（画像例は本章冒頭にあります）。

4.4 スクリプトの説明

■ 概要

　スクリプトの説明をします。スクリプトファイルは html_wc.py です。

　先頭で必要なパッケージをインポートします。

　Beautiful Soup のパッケージ名は（バージョン 4 なので）bs4 です。いろいろ機能がありますが、テキスト文を取り出すだけなら BeautifulSoup クラスだけで十分です。打ち間違えやすい長いクラス名なので、別名 bs を付けます（3 行目）。以降、bs... で呼び出せます。

　janome にもいくつかモジュールがありますが、ここでは 4 行目に見るように、分解を担当する tokenizer モジュールの Tokenizer クラスしか用いません（janome.Analyzer は第 5 章で紹介します）。

　ほんのちょっとしか使わない NumPy と Pillow もインポートします。NumPy は np という別名から使うのが一般的です（5 行目）。Pillow のパッケージ名は昔の名前の PIL をそのまま使っているので、間違えないようにします。ここでも、使うのは Image モジュールだけです（6 行目）。

　残りは他章と同じです。HTTP アクセスの requests（7 行目）、ワードクラウド生成の wordcloud（8 行目）、テキストの整形の re（1 行目）、システム系の sys（2 行目）です。

　スクリプトには次の 4 つのメソッドを用意しました。

メソッド	使用ライブラリ	用途
get_page()	requests	指定の URL からテキストをダウンロードする（日本語用改定版）。
extract_text()	bs4	HTML テキストからタグ抜きのテキストを抽出する。
extract_nouns()	janome、re	テキストから名詞だけを抽出する。
generate_wc()	wordcloud、PIL.Image、numpy	単語のリストからワードクラウド画像を生成する。

　メイン部分（71 行目〜）では、上記を記載順に呼び出します。

■ get_page の文字化け対策

　本章の get_page()（11 〜 22 行目）の基本形は、第 2 章の text_wc.get_page() と変わりません。しかし、そのままでは日本語テキストが文字化けします。requests.get() をインタラクティブモードで直接呼び出すことで、この挙動を確かめます。

```
>>>  import requests
>>>  resp = requests.get('https://www.cutt.co.jp/book/index.html')
>>>  resp.text[1100:1200]
'\x96\x80è\x80\x85å\x90\x91ã\x81\x91</span>\n      <span>å\xad¦æ\xa0¡ã\x83»è¬\x9bç¿
\x92ä¼\x9aã\x83\x86ã\x82\xadã\x82¹ã\x83\x88</span>\n      <span>ç\x95\x99å\xad¦ç\x94
\x9få\x90\x91ã\x81\x91</span>\n'
```

　日本語のはずが西欧文字の「å」や「è」が現れます。これは、Requests がバイト列をテキストとして解釈（デコード）するとき、もとの言語とは異なる文字エンコーディングを誤って使っているからです。その時点で用いられている文字エンコーディングは、戻り値の requests.Response オブジェクト（上記では resp）の encoding 属性から確認できます。

```
>>>  resp.encoding
'ISO-8859-1'
```

　ISO-8859-1 は西欧文字（独語や仏語などの Latin-1 セット）です。これでは、日本語文字が解釈できるわけありません。
　そこで、encoding 属性を正しいものに置き換えます。HTML テキストのヘッダ（<head>）部分を見ると、メタタグに UTF-8 とあるので（<meta charset="utf-8">）これでオーバーライトします。これで正しく表示されます。

```
>>>  resp.encoding = 'utf-8'                        # UTF-8に設定
>>>  resp.text[1100:1200]                           # 再度表示
'Python関連書</span>\n     <span>JavaScript関連書</span>\n    <span>Java関連書
</span>\n     <span>C#関連書</span>\n    '
```

文字化けのたびに HTML ソースから文字エンコーディングを調べ、その上でスクリプトを書き換えるのは面倒です。最近の日本語サイトのほとんどは UTF-8 で書かれているので、決め打ちでもおおよそは問題ありませんが、それでも Shift_JIS や ISO-2022-JP や EUC-JP といったエキゾチックな文字コードに巡り合うことがなくなったわけではありません。

そこで、テキストそのものから文字エンコーディングを「推定」します。これには apparent_encoding を使います。属性ですが、内部で Chardet という推定エンジンを呼び出すことで、正しい文字エンコーディングを返します（直接的な用法は第 5 章で説明します）。

```
>>>  resp.apparent_encoding
'utf-8'
```

Requests は文字エンコーディングが不明なときは ISO-8859-1 を設定します。このデフォルトにフォールバックしたときは、次のように推定エンジンの結果で encoding 属性を上書きします。これで、HTML ソースから文字エンコーディングを調べる手間が省けます。get_page() で第 2 章と異なるのはこの部分（16 〜 18 行目）だけです。

```
>>>  resp.encoding = resp.apparent_encoding
```

Requests の文字エンコーディング動作の詳細としつこい文字化け対策は付録 A.4 にまとめたので参照してください。

■ extract_text

extract_text() メソッド（25 〜 29 行目）は、HTML テキストからタグを外した可読テキストを抜き出すのに Beautiful Soup を使います。用法はいたって簡単で、入力テキストを第 1 引数に指定して BeautifulSoup コンストラクタからオブジェクトを生成するだけです（26 行目）。

```
>>>  from bs4 import BeautifulSoup as bs           # インポート
>>>  soup = bs(resp.text, 'html.parser')           # インスタンス化
>>>  type(soup)                                     # BeautifulSoupオブジェクト
<class 'bs4.BeautifulSoup'>
```

生成された bs4.BeautifulSoup オブジェクト（以下 bs）は、入力 HTML テキストを表現します。ここから特定のタグを抽出するなどの操作ができます。

コンストラクタの第 2 引数には解析器（パーザー）を指定します。本書では Python の標準ライブラリに含まれている html.parser モジュールを用います。他には外部ライブラリの html5lib があり、基本動作に変わりはありませんが、後述の bs.get_text() の動作がやや異なります（付録 A.6 参照）。もう 1 つ lxml というチョイスもあり、マニュアルは速度の点から推奨していますが、外部の C ライブラリに依存しているので一般向けではありません。それぞれの解析器の特徴は、マニュアルの［Installing Beautiful Soup］→［Installing a parser］にまとめられているので、そちらを参照してください。

bs オブジェクトが用意できたら、そこから bs.get_text() メソッドで可読テキストだけを抜き出します（27 行目）。これらは <p>...</p> や <li>...</li> に挟まれた文です。<img alt="xxxx"> のようにタグ内に書かれた属性値や <!--- ... ---> のコメントなどは含まれません。

```
>>>  text = soup.get_text()
>>>  text[:100]
'\n\n\n\n\nカットシステム出版書籍のご案内\n\n\n\n\n\n\n戻る\u3000 |\n        株式会社カットシステム\n       \n\nカットシステム出版書籍のご案内\nお近くの書店にてお求めになれます。書籍の宅配をご希'
```

あとは、これまでの章同様、改行などの空白文字を整理するだけです（28 行目）。次のステップの Janome は賢いので空白文字があっても問題はありませんが、読みやすくしておけば、入力チェック時に助かります。

```
>>>  text = re.sub(r'\s+', ' ', text)
```

スペース区切りの断片的な日本語が得られます。

```
>>>  text[:100]
' カットシステム出版書籍のご案内 戻る | 株式会社カットシステム カットシステム出版書籍のご案内 お近くの書店にてお求めになれます。 書籍の宅配をご希望される方は「カットシステム直販案内」へどうぞ。 '
```

ターゲットのページでは、書籍タイトルは <h3> タグで囲まれています。これだけを抜き出したいのなら、スクリプトの 27、28 行目を次のコードと入れ替えます。

```
>>>   texts = ' '.join([t.text for t in soup.find_all('h3')])
```

この方法は HTML 構造に依存するので、ターゲットを変更するたびに HTML を目視で解析しなければならなくなるという問題は、前述の通りです。bs.find_all() メソッドの用法は第 7 章で説明します。

■ extract_nouns

extract_nouns() メソッド（32 ～ 44 行目）では入力テキストを単語単位に分解し、固有名詞と一般名詞だけを抽出します。これには Janome を使います。

まず、単語分解器（トークナイザーと言います）を Tokenizer クラスからインスタンス化します（35 行目）。

```
>>>   from janome.tokenizer import Tokenizer        # インポート
>>>   t = Tokenizer()                               # トークナイザー用意
```

続いて、Tokenizer オブジェクトの tokenize() メソッドに入力テキストを投入することで分解します。メソッドは分解と同時に品詞判断もします（36 行目）。

```
>>>   words = t.tokenize(text)                      # 単語に分解
```

tokenize() メソッドが返すのは、リストではなくジェネレータです。ジェネレータはリストと同じようなものですが、順にしか取り出せませんし、インデックス番号を逆戻りすることもできませんし、最後まで行かないと終わりがどこかもわからないので長さもありません。そのため、len() をかけると例外が上がります。

```
>>>   len(words)
Traceback (most recent call last):
  File "<stdin>", line 1, in <module>
TypeError: object of type 'generator' has no len()
```

ジェネレータは無限級数のように終わりのないリスト、あるいは膨大な要素があってもどのみち最初の部分しか使わないときには重宝します。しかし、個数を知りたいとかインデックス番号からアクセスしたいのなら、リストに直した方が簡単です（無限ジェネレータだと大変なことになりますが、本章のテキストはほんの 22 万文字で有限なので気にしなくて大丈夫です）。

```
>>> words = list(words)
>>> len(words)
27769
```

■ Token オブジェクト

tokenize() メソッドの返すリストの要素は、単語を表現する janome.tokenizer.Token オブジェクトです（以下 Token）。最初の要素から確認します。

```
>>> type(words[0])
<class 'janome.tokenizer.Token'>
```

Token オブジェクトを str() で文字列化すれば、Janome 辞書（IPA/MeCab 辞書）の要素を連結して示してくれます。

```
>>> str(words[0])
'カット\t名詞,サ変接続,*,*,*,*,カット,カット,カット'
```

テキストに書かれた文字（表層系）だけを取得するなら surface 属性を、品詞だけなら part_of_speech 属性を使います。

```
>>> words[0].surface                          # 表層系
'カット'
>>> words[0].part_of_speech                   # 品詞
'名詞,サ変接続,*,*'
```

■ 名詞抽出

あとは、part_of_speech 属性が固有名詞または一般名詞のものを抽出するだけです。固有名詞なら品詞が「名詞,固有名詞」、一般名詞なら「名詞,一般」で始まるので、正規表現で表せば r'^名詞,(固有名詞|一般)' になります。すべての単語にこの正規表現を繰り返し使うので、先にコンパイルします（37 行目）。

```
>>>  import re
>>>  regexp = re.compile(r'^名詞,(固有名詞|一般)')
```

あとは、マッチする Token オブジェクトの surface をピックアップするだけです（39 行目）。この例では、4792 語が抽出されました。

```
>>>  nouns = [w.surface for w in words if regexp.search(w.part_of_speech)]
>>>  len(nouns)
4792
```

38 行目にコメントアウトしてある正規表現は、固有名詞だけを抽出するものです。これまでのように固有名詞だけにしなかったのは、ここでの対象では、次に示すようにアルファベット文字列ばかりが抽出されてしまうからです。

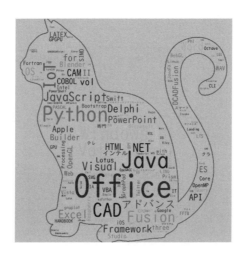

どのような品詞が書籍タイトルに含まれているかを次から確認します。固有名詞は★で、一般名詞は☆で示しました。

```
>>>  [(token.surface, token.part_of_speech) for token
...  in t.tokenize('Python + Pillow/PIL 画像の加工・補正・編集とその自動化')]
[
  ('Python', '名詞,固有名詞,組織,*'),              ★
  (' ', '記号,空白,*,*'),
  ('+', '名詞,サ変接続,*,*'),
  (' ', '記号,空白,*,*'),
```

```
    ('Pillow', '名詞,固有名詞,組織,*'),              ★
    ('/', '名詞,サ変接続,*,*'),
    ('PIL', '名詞,固有名詞,組織,*'),                 ★
    (' ', '記号,空白,*,*'),
    ('画像', '名詞,一般,*,*'),                      ☆
    ('の', '助詞,連体化,*,*'),
    ('加工', '名詞,サ変接続,*,*'),
    ('・', '記号,一般,*,*'),
    ('補正', '名詞,サ変接続,*,*'),
    ('・', '記号,一般,*,*'),
    ('編集', '名詞,サ変接続,*,*'),
    ('と', '助詞,格助詞,一般,*'),
    ('その', '連体詞,*,*,*'),
    ('自動', '名詞,一般,*,*'),                      ☆
    ('化', '名詞,接尾,サ変接続,*')
]
```

　固有名詞だけに限定すると、英文字ばかりが選択されます。「画像」や「自動」もワードクラウドに含めたいのなら、一般名詞も含むべきだとここから判断できます。「加工」や「編集」など、「〜する」を加えることで動詞的な扱いのできる名詞（サ変接続）も加えたいなら、正規表現をr'^名詞,(固有名詞|一般|サ変動詞)'に変更します。

■ 整理

　4792 語の名詞からワードクラウドを生成してもよいですが、どの書誌にも必ず登場する「ISBN」や「本体価格」の出現頻度が無用に大きくなります。そこで、あらかじめブラックリストを用意し（33 行目）、これらを削除します（41 行目）。

　要領は先に見た通りです。

　文字数が 1 語の名詞は、たいていは余計な分割で生成されます。上記でも、「自動化」が 2 語に分割されたため、「化」という、それ単体ではあまり意味をなさない名詞が登場します。そこで、これらも省きます（40 行目）。

■ フォントの選択

　generate_wc() メソッド（47 〜 67 行目）でワードクラウドを生成します。要領は第 2 章と変わりませんが、ここではレンダリング関係のオプションをいろいろ試します。

　必須なのはフォントです。デフォルトの英字フォントでは日本語テキストが文字化けするからです。デフォルトフォントは、Android 端末向けに設計されたサンセリフ等幅 TrueType フォントの

DroidSansMono です。次にサンプルを示します。

```
Lorem ipsum dolor sit amet, consectetur adipiscing elit.
Maecenas feugiat a ligula quis aliquam. Praesent et egestas nibh,
quis pharetra nulla. Vivamus quis metus finibus, consequat diam
vel, convallis sem. Aliquam tristique porttitor eros et
consequat. Fusce arcu nunc, facilisis eu eleifend pharetra,
tempor ac odio. Nam molestie eros sit amet varius tincidunt. Nunc
tempus nulla nibh, a posuere quam euismod varius. In vestibulum
justo a sollicitudin lobortis. Sed faucibus congue accumsan.
```

　フォントパスは font_path キーワード引数から指定します（58 行目）。TrueType または OpenType のフォントなら何でも構いません。これらは、Windows では C:\Windows\Fonts に収容されているフォントで、拡張子が *.otf、*.ttf、*.ttc のものです。エクスプローラから、あるいは［コントロールパネル］→［フォント］から次に示すフォントプレビューワーが開けるので、好みのフォントを選びます。日本語が対象のときは、メイリオや MS ゴシックなどの日本語フォントを選択します。

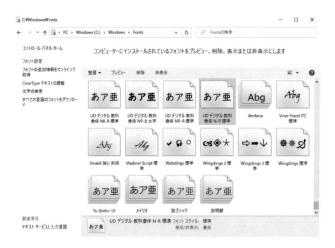

　ここでは UD デジタル教科書体 N-R 標準（モリサワ）を指定しています。プレビューワーにはフォント名しか示されないので、ファイル名は次のようにプロパティから調べます。ここでは UDDigiKyokashoN-R.ttc です（.ttc は TrueType）。

Windows でのパス区切りは Unix スタイルの / でも Windows の \ のどちらでも構いません。た
だし、バックスラッシュはエスケープしなければならないので、\\ のように 2 重になります。た
とえば、C:\\Windows\\Fonts\\meiryo.ttc です。Windows Subsystem for Linux（Ubuntu）のと
きは、Windows の C ドライブはデフォルトで /mnt/c（c は小文字）にマウントされるので、58
行目のように /mnt/c/Windows/Fonts/... です。

Unix のフォントは通常 /usr/share/fonts に収容されています。

■ 背景色と輪郭色

ワードクラウド画像のデフォルト背景色は黒です。変更するには、background_color キーワー
ド引数から指定します（59 行目）。

色は、HTML でお馴染みの # で始まる 2 桁 16 進数 3 つぶん（黒なら #000000）、0 〜 255 の
値を RGB 順に並べたタプル (0, 0, 0)、HTML（正確には CSS Color Module）で定義された色名
(black) のいずれからでも指定できます。色名リストは、次に URL を示す W3C のページの 6.1 節
から確認できます。

https://www.w3.org/TR/css-color-4/#named-colors

同様に、後述の型抜きを使ったときの輪郭色は contour_color から指定します（61 行目）。ただ
し、輪郭線の太さがデフォルトで 0 なので、そのままでは輪郭は描かれません。contour_width か
ら 1 以上の値を併せて指定します（62 行目）。

WordCloud の画像処理は Pillow を使っているので、色指定方法はそれに準じます。Pillow から
色名を確認する方法は付録 A.8 にまとめたので参考にしてください。

■ 文字色

WordCloud は単語別に色を変化させます。配色パターンはキーワード引数 colormap から指定し
ます（63 行目）。

デフォルトは viridis という紫→緑→黄色となめらかに変化する色です。この意味のわからない配色パターンは第3章で用いた Matplotlib から来ています。他にも magma、plasma、inferno などがありますが、それらの配色パターンは、次に URL を示す Matplotlib チュートリアルの「Choosing Colormaps in Matplotlib」を参照してください。

https://matplotlib.org/stable/tutorials/colors/colormaps.html

ここでは twilight という白→薄青→紫→茶と変化する配色を用いていますが、適当な選択です。いろいろ試してください。

■ 型抜き

画像に描かれている形に文字列を埋め込むこともできます。型抜きの画像をマスクと言います。キーワード引数は mask です。デフォルトは None、つまり型抜きなしで四方形に文字列を埋めます。

マスク画像でピクセル値が飽和している箇所には、文字列は描かれません。モノクロ画像なら 255、RGB カラー画像なら (255, 255, 255)、RGBA 透過カラー画像なら (255, 255, 255, 255) の箇所です。つまり、背景が白（あるいは透過）のとき、前景部分に文字列が描かれます。本章で黒猫画像を用いているのはそのためです（背景黒の白猫画像だと猫の上ではなく、背景に文字列が描かれます）。

mask には NumPy で構成した画像を指定しなければなりません。そこで、次の要領でマスク画像を Pillow の PIL.Image.open() から読み込み（53 行目）、得られた Image オブジェクトを numpy.array() で NumPy 行列（numpy.ndarray オブジェクト）に変換します（54 行目）。

```
>>>    import numpy as np                      # NumPyのインポート
>>>    from PIL import Image                    # Pillowのインポート
>>>    img = Image.open('Cat.png')             # 画像を読み込む
>>>    mask = np.array(img)                     # NumPy行列を生成する

>>>    img.size                                 # 画像のサイズ
(800, 800)
```

ワードクラウドの画像サイズはマスク画像と同じになります。wordcloud.WordCloud コンストラクタで width や height で指定をしてもオーバーライトされます。

Pillow の用法は第7章で説明します。

Zip テキストの小説から
ワードクラウドを
生成する

[ZIP] [TXT] [日本語]

データソース	青空文庫
データタイプ	Zip 収容日本語テキスト（application/zip；文字エンコーディング不明）
解析方法	固有名詞抽出＋単語連結処理
表現方法	ワードクラウド
使用ライブラリ	Chardet、Janome、Requests、WordCloud、zipfile

5.1　目的

■ ワードクラウド

　本章では、Zip ファイルに収容された日本語の小説（テキスト文書）からワードクラウドを生成します。ワードクラウドの用法は第 2 章と第 4 章と変わりません。

　次に、太宰治の『人間失格』から生成した画像を示します。抽出対象は固有名詞と複合名詞（後述）です。出現回数が 3 回以上の単語に絞っているので、語数は少なめです。

堀木やヨシ子などの登場人物だけでなく、夾雑物もかなりあります。とくに「一枚」や「二人」や「二階」（苗字ではない）など数を示す語が多く含まれています。理由はあとで説明します。

主人公の名前は大庭葉蔵です。葉蔵が小さくしか出てこないのは、本人の手記形式だからです（苗字は中学の教師のセリフにある 1 回しか出てこない）。その代わり、第三者が彼を呼ぶときの「葉ちゃん」はある程度の大きさです。

■ ターゲット

例題の『人間失格』は、次に URL を示す青空文庫から入手します。

```
https://www.aozora.gr.jp/
```

青空文庫は、主として著作権の切れた日本の著作物の電子書籍ライブラリです。1997 年頃のスタートなのでプロジェクト・グーテンベルグに比べれば後発ですが、大規模な日本語電子書籍ライブラリとしてはおそらく無二の存在です。Amazon や Honto などの電子書籍書店でも頒布されているので、それらのリーダーで読むこともできます。

書籍には「作品 ID」と呼ばれる通番が振られており、本章でサンプルに使う『人間失格』は 301 番です。

ダウンロードファイルフォーマットは、次に示すように主として 3 つあります。

ファイル種別	圧縮	ファイル名（リンク）	文字集合／符号化方式	サイズ	初登録日	最終更新日
テキストファイル(ルビあり)	zip	301_ruby_5915.zip	JIS X 0208/ShiftJIS	68596	1999-01-01	2011-01-09
エキスパンドブックファイル	なし	301.ebk	JIS X 0208/ShiftJIS	288496	1999-01-01	1999-08-20
XHTMLファイル	なし	301_14912.html	JIS X 0208/ShiftJIS	179475	2004-02-23	2011-01-09

グーテンベルグのようにブラウザから直接アクセスできるテキスト版はないので、本章では「テキストファイル（ルビあり）」Zip 版を使います。URL は次の通りです。

```
https://www.aozora.gr.jp/cards/000035/files/301_ruby_5915.zip
```

Zip に含まれているのは、書籍テキストのファイル 1 つだけです。上記の Zip ファイルなら `ningen_shikkaku.txt` です。

文字エンコーディングは Shift_JIS（SJIS）です。青空文庫では、日本語文字エンコーディングに Shift_JIS を使うのが一般的のようです（新規公開書籍でもそうです）。

紙で読みたければ、新潮社（2006 年）、角川書店（2007 年）、集英社（1990 年）など主要な出版社から文庫が出ています。武装探偵社の話は角川です。

5.2 方法

■ 手順

Web アクセスからワードクラウドの生成までの手順を次に示します。括弧に示したのは、そのステップで用いる Python の外部ライブラリです。矢印脇は前のステップが出力し、次のステップに入力されるデータです。

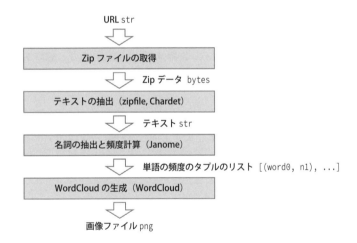

URL が指定されたら、これまでと同様に Requests パッケージで Zip ファイルを取得します。このステップは Zip のバイトデータ（bytes）を生成します。

続いて、Zip ファイルからテキストファイルを抽出します。Zip ファイルを解凍し、所定のファイルを抜き出すには、Python 標準ライブラリの zipfile モジュールを使います。Zip ファイルには複数のファイルを収容できますが、ここでは 1 つだけしかないと仮定し、0 番目のファイルデータだけを取り出します。

　テキストが得られたら整形ですが、このステップは、本章では Janome の Analyzer フレームワークから単語分解と品詞解析と同時に行います。

■ ターゲットのテキストについて

　ダウンロードするのは Zip データです。Zip には中身のテキストファイルの文字エンコーディング情報は含まれていないので、テキストをどのエンコーディングで読むべきかがわかりません。

　Requests の requests.Response.apparent_encoding は使えません。Zip 圧縮データのバイト列は文字ではないので、推測しようがないからです。同様に、HTTP 応答ヘッダも役には立ちません。requests.Response が知っているのは Content-Type: application/zip だけで、そこには圧縮前のデータの文字エンコーディングのことなど書かれていないからです。

　青空文庫ならおそらく Shift_JIS であろうから、決め打ちでも大方は問題なさそうですが、ここでは Requests が文字エンコーディングを推測するときに使う Chardet パッケージを使います。

　テキスト版の青空文庫には、ルビや作業者（このテキストを青空文庫化したボランティア）の注が含まれていることがあります。ルビは次の例に示すように《》（U+300A と U+300B）で囲まれた文字列です。場合によっては、ルビの対象がどこから始まるかが｜（U+FF5C。全角縦パイプ）から示されます。

> それは、その子供の姉たち、妹たち、それから、従姉妹《いとこ》たちかと想像される...
> それに田舎の昔｜気質《かたぎ》の家でしたので、おかずも、たいていきまっていて、...

　作業者注は全角角括弧開く［(U+FF3B) と全角ハッシュ＃（U+FF03）で始まり、全角角括弧閉じる］(U+FF3D) で終わります。次に例を示します。前後が注なのでテキストとしては、この段落の文は「はしがき」だけです。

> ［＃３字下げ］はしがき［＃「はしがき」は大見出し］

　これらは言語処理には不要なので、単語分解処理の前に削除します。

　青空文庫テキストには他にもいろいろなメタデータが埋め込まれていますが、本章のターゲットではこれらを処理すれば十分です。メタデータの記述方法は、次に URL を示す青空文庫の［耕作員手帳］、その中でも「青空文庫作業マニュアル」を参照してください。

　https://www.aozora.gr.jp/guide/techo.html

■ zipfile

zipfile は Python 標準ライブラリに含まれています。ファイルが対象なら話は簡単で、zipfile.ZipFile コンストラクタにファイルパス（あるいはファイルオブジェクト）を指定するだけです。しかし、ここでは requests.get() が取得したバイト列（bytes）が対象です。そこで、io モジュールの bytesIO を使って、バイト列をファイルオブジェクトに変換します。

zipfile.ZipFile は、通常のファイルなら次のように使います。

```
>>> import zipfile
>>> zip_from_file = zipfile.ZipFile('301_ruby_5915.zip')
>>> zip_from_file
<zipfile.ZipFile filename='301_ruby_5915.zip' mode='r'>
```

バイトデータが対象なら次のようにします（上記のファイルを open() のバイナリモードで読んだデータを使います）。

```
>>> with open('301_ruby_5915.zip', 'rb') as fp:          # ファイルからバイト列を用意
...     zip_data = fp.read()
...
>>> type(zip_data)                                       # Zipのバイトデータ
<class 'bytes'>

>>> import io
>>> zip_from_data = zipfile.ZipFile(io.BytesIO(zip_data))
>>> zip_from_data
<zipfile.ZipFile file=<_io.BytesIO object at 0x7fe82047a770> mode='r'>
```

どちらも ZipFile オブジェクトを生成するので、以降は同じ方法で処理できます。ただし、バイトストリームにはファイル名がないので、ファイル名属性の filename は利用できません。

■ Chardet

Chardet は、与えられた文字列のバイトパターンから文字エンコーディングを推測するライブラリです。ユニバーサルな文字エンコーディングでは ASCII、UTF-8、UTF-16（変種 2 種を含む）、UTF-32 (変種 4 種を含む) に対応しています。日本語なら EUC-JP、Shift_JIS、CP932（Microsoft による SJIS の独自拡張）、ISO-2022-JP です。対応文字エンコーディングは、次に示す Chardet の ホームページ（Github）に掲載されています。

https://github.com/chardet/chardet

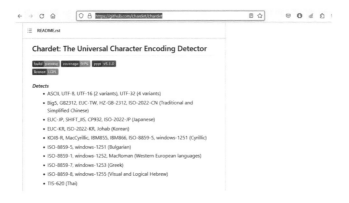

使い方は簡単で、chardet クラスメソッドの detect() にテキストを指定して呼び出すだけです。

■ Janome Analyzer モジュール

ここまでの章で見てきたように、自然言語の処理には次の3つのステップが必要です。

1. 不要な文字を削除したり、エムダッシュをハイフン2つに変換したりなど、単語分類処理に最適となるようにテキストを処理する（前処理）。
2. テキストを単語に分解し、品詞を判定する（本処理）。
3. 単語のリストからターゲットの性質にあわせて、目的のものを選択的に抽出する（後処理）。

これまで、ステップ2には専用のツール（英語では NLTK、日本語では Janome）を、1と3には Python 標準機能の正規表現やリスト内包表記を使ってきました。

Janome には、この3ステップを一気に処理する Analyzer（解析器）フレームワークが用意されています。フレームワークはステップ1を担当する CharFilter、いつもの Tokenizer、そしてステップ3の TokenFilter で構成されています。これらの要素は次に示すように連結され、データを順にパイプライン処理します。

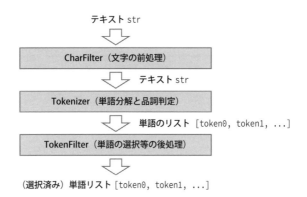

詳細は Janome の API リファレンスおよび、作者のチュートリアル「Janome ではじめるテキストマイニング」の資料を参照してください。メインページにリンクがあります。直接リンクは次の通りです。

> https://mocobeta.github.io/janome/api/
>
> https://mocobeta.github.io/slides-html/janome-tutorial/tutorial-slides.html

なお、Analyzer は「実験的であり、今後インタフェースには変更があるかもしれません」なので、実稼働用のコードに組み込むときは注意してください。

■ セットアップ

本章の外部パッケージは、これまでの章ですべてインストール済みです。本章初出の Chardet は Reqests と共にインストールされますが、見当たらないときは次のように PIP から導入します。

```
pip install chardet
```

本章で用いる Janome の Analyzer フレームワークは、Janome バージョン 0.3.5 以降で利用可能です。バージョンは次のように __version__ 属性から確認できます。

```
>>> import janome
>>> janome.__version__
'0.4.2'
```

バージョン 0.3.5 は 2017 年 8 月 6 日リリースなので、そこまで古いものが残存していることは

ないでしょうが、もしそんなに古いものがあったら、インストールし直してください。

5.3 スクリプト

■ スクリプト

青空文庫の Zip テキストをロードし、ワードクラウドを生成するスクリプトを次に示します。

zip_wc.py

```python
 1  from io import BytesIO
 2  import re
 3  import sys
 4  import zipfile
 5  from chardet import detect
 6  from janome.tokenizer import Tokenizer
 7  from janome.charfilter import RegexReplaceCharFilter
 8  from janome.tokenfilter import CompoundNounFilter, POSKeepFilter, TokenCountFilter
 9  from janome.analyzer import Analyzer
10  import requests
11  import wordcloud
12
13
14  def get_page(url):
15      resp = requests.get(url)
16      if resp.status_code != 200:
17          raise Exception(f'HTTP failure. Code {response.status_code}.')
18
19      content_type = resp.headers.get('Content-Type')
20      if not content_type.startswith('application/zip'):
21          raise Exception(f'Target not zipped: {content_type}')
22
23      print(f'{url} loaded. {len(resp.content)} bytes.', file=sys.stderr)
24      return resp.content
25
26
27  def parse_zipped(zipped_data):
28      zip_obj = zipfile.ZipFile(BytesIO(zipped_data))
29      filename = zip_obj.infolist()[0]
30      with zip_obj.open(filename) as fp:
31          text_bytes = fp.read()
```

```
32          encoding = detect(text_bytes)['encoding']
33          text = text_bytes.decode(encoding)
34
35      print(f'Unzipped. Read {filename}. Encoding={encoding}', file=sys.stderr)
36      return text
37
38
39  def extract_nouns(text):
40      t = Tokenizer()
41      rrcf_notes = RegexReplaceCharFilter(r' [#.+?] ', '')
42      rrcf_ruby = RegexReplaceCharFilter(r' 《.+?》||', '')
43      cnf = CompoundNounFilter()
44      pkf = POSKeepFilter(['名詞,複合', '名詞,固有名詞,人名', '名詞,固有名詞,地域'])
45      tcf = TokenCountFilter(att='surface', sorted=True)
46      analyzer = Analyzer(
47          char_filters = [ rrcf_notes, rrcf_ruby ],
48          tokenizer = t,
49          token_filters = [ cnf, pkf, tcf ]
50      )
51      analyzed = [an for an in analyzer.analyze(text) if an[1] >= 3]
52
53      print(f'Unique words: {len(analyzed)}', file=sys.stderr)
54      return analyzed
55
56
57  def generate_wc(analyzed):
58      noun_dict = {k:v for k, v in analyzed}
59      word_cloud = wordcloud.WordCloud(
60              width=1024,
61              height=768,
62              font_path='/mnt/c/Windows/Fonts/HGRGY.TTC',
63              background_color=(185, 83, 79),
64              colormap='cividis'
65              prefer_horizontal=1.5
66      )
67      img = word_cloud.fit_words(noun_dict)
68
69      return img.to_image()
70
71
72
73  if __name__ == '__main__':
74      url = sys.argv[1]
```

```
75    text = get_page(url)
76    text = parse_zipped(text)
77    analyzed = extract_nouns(text)
78    img = generate_wc(analyzed)
79
80    img.save('zip_wc.png')
```

■ 実行例

コンソール／コマンドプロンプトから実行します。

```
$ zip_wc.py https://www.aozora.gr.jp/cards/000035/files/301_ruby_5915.zip
https://www.aozora.gr.jp/cards/000035/files/301_ruby_5915.zip loaded. 68596 bytes.
Unzipped. Read <ZipInfo filename='ningen_shikkaku.txt'
  compress_type=deflate file_size=153317 compress_size=68435>.
  Encoding=SHIFT_JIS
Unique words: 78
```

　URL からダウンロードした Zip データは約 7 万バイトありました（出力の 1 行目）。その中のファイル（ningen_shikkaku.txt）を抽出すると、約 15 万バイト（文字ではない）あり、その文字エンコーディングは Shift_JIS と判定されました（2 〜 4 行目）。そこから出現回数が 3 回以上の単語が 78 語抽出されました（5 行目）。あまり多くはありません。

　ワードクラウド画像は、80 行目でハードコーディングしてあるファイル zip_wc.png に保存されます。好みの画像ビューワーで閲覧できます（画像例は本章冒頭にあります）。背景色は新潮文庫の表紙から取ってきました。

5.4　スクリプトの説明

■ 概要

　スクリプトの説明をします。スクリプトファイルは zip_wc.py です。

　先頭で必要なパッケージをインポートします。

　Zip ファイルの処理では 3 つのパッケージを使います。zipfile（4 行目）は Zip データの展開に、io.BytesIO（1 行目）はバイト列をファイルのように扱うために、chardet（5 行目）は解凍したテキストファイルの文字エンコーディングを推定するためにそれぞれ使います。

Janome では 3 つのモジュールをインポートします。janome.tokenizer（6 行目）は単語分解のトークナイザーで、janome.charfilter（7 行目）と janome.tokenfilter はそれぞれは前処理、後処理用のものです。 janome.analyzer（9 行目）はこれらを統合する Analyzer フレームワークの骨格です。

スクリプトには次の 4 つのメソッドを用意しました。

メソッド	使用ライブラリ	用途
get_page()	requests	指定の URL からテキストをダウンロードする（Zip 対応版）。
parse_zipped()	zipfile, chardet	Zip データからテキストファイルデータを抜き出し、文字コードを変換する。
extract_nouns()	janome	テキストから名詞だけを抽出する。Analyzer 使用。
generate_wc()	wordcloud	単語のリストからワードクラウド画像を生成する（いつも通り）。

メイン部分（73 行目〜）では、上記を記載順に呼び出します。

■ get_page

get_page() メソッド（14 〜 24 行目）の基本は他章と変わりません。追加部分は 19 〜 21 行目で、受信データが Zip バイナリ以外なら対応はできないので、例外を上げて終了します。データの種別は HTTP 応答ヘッダの Content-Type フィールドから知ることができ、Zip の場合は application/zip です。

ダウンロードした requests.Response オブジェクトからデータを参照するのに、content 属性を用いているところに注意してください（23、24 行目）。これまで用いてきた text 属性は、読み込んだデータ（HTTP ボディ）を文字列として解釈した結果です。

```
>>> import requests                            # インポート
>>> url = 'https://www.aozora.gr.jp/cards/000035/files/301_ruby_5915.zip'
>>> resp = requests.get(url)
>>> type(resp.text)                            # 型はstr
<class 'str'>
```

これに対し、content は読んだデータをバイト列として生のまま、変換なしで収容しています。Zip データはバイナリなので、こちらを参照しなければなりません。

```
>>>  type(resp.content)
<class 'bytes'>
```

■ parse_zipped

Zip フォーマットのバイナリデータは zipfile モジュールの ZipFile クラスで読み取ります。前述のように、コンストラクタはファイルしか受け付けないので、バイナリデータは io.BytesIO からファイルストリームにして引き渡します（28 行目）。得られるのは zipfile.ZipFile オブジェクトです。

```
>>>    from io import BytesIO                          # インポート
>>>    import zipfile                                  # インポート

>>>    zip_obj = zipfile.ZipFile(BytesIO(resp.content))
>>>    type(zip_obj)                                   # ZipFileオブジェクト
<class 'zipfile.ZipFile'>
```

Zip データに収容されているファイルを確認するには ZipFile.infolist() メソッドを使います（29 行目）。

```
>>>    zip_obj.infolist()
[<ZipInfo filename='ningen_shikkaku.txt' compress_type=deflate file_size=153317
compress_size=68435>]
```

[] で括られていることから、戻り値がリストなことがわかります。リスト要素のデータ型は ZipInfo で、上記のようにファイル名などのメタデータを収容しています。ZipInfo オブジェクトは Zip アーカイブから抽出するファイルの識別子として用いられます。ターゲットの Zip にはファイルは 1 個だけと仮定しているので、0 番からアクセスできます（29 行目の [0]）。

```
>>>    filename = zip_obj.infolist()[0]                # 0番目の要素
>>>    type(filename)                                  # 型はZipFile
<class 'zipfile.ZipInfo'>
>>>    filename                                        # ファイルのメタデータ
<ZipInfo filename='ningen_shikkaku.txt' compress_type=deflate file_size=153317 compress_
size=68435>
```

ZipFile オブジェクトから指定のファイルを得るには、ZipFile.open() メソッドでその「ファイル」を開き、いつものようにファイルオブジェクト（30 行目）から read() メソッドで読み出します。得られるのはバイト列です。

```
>>> with zip_obj.open(filename) as fp:              # 開いて
...     text_bytes = fp.read()                      # 読む
...
>>> type(text_bytes)                                # 型はbytes
<class 'bytes'>
>>> len(text_bytes)                                 # バイトサイズ
153317
```

約 15 万バイトが読み出せました。

■ Chardet による文字エンコーディング推定

バイト列データの text_bytes の文字エンコーディングは、Chardet パッケージの detect() メソッドで推定します。このメソッドはバイト列を引数に取り、推定されるエンコーディング方式名とその信頼度（確率）を辞書形式で返します。辞書には言語名が含まれることもあります。

得られた text_bytes から動作確認します。

```
>>> import chardet
>>> chardet.detect(text_bytes)
{'encoding': 'SHIFT_JIS', 'confidence': 0.99, 'language': 'Japanese'}
```

文字エンコーディングが Shift_JIS であり、その信頼度は 99% でした。これなら、Shift_JIS と断定しても問題ありません。経験則的な手法で推定するため、処理にはやや時間がかかります。

ここで必要なのは encoding 属性だけです（32 行目）。

```
>>> encoding = chardet.detect(text_bytes)['encoding']   # エンコーディングだけ抽出
>>> encoding
'SHIFT_JIS'
```

あとはこれに従い、bytes.decode() メソッドで文字列（str）に変換するだけです。

```
>>> text = text_byte.decode(encoding)               # デコード
>>> type(text)                                      # 文字列になる
<class 'str'>
>>> text[:20]                                       # 最初の20文字
'人間失格\r\n太宰治\r\n\r\n-------'
```

■ extract_noun

extract_noun() メソッド（39 〜 54 行目）は入力テキストを操作して、固有名詞（と後述の複合名詞）の出現回数を計算します。これには前処理、単語分解と品詞付け、後処理の 3 ステップをひとまとめで処理する Janome Analyzer フレームワークを用います。

フレームワークは、janome.analyzer.Analyzer オブジェクトの生成時にそれぞれの処理を担当するオブジェクトを指定することで生成します。フォーマットは次の通りです（46 〜 50 行目）。

```
janome.analyzer.Analyzer(
    char_filters = [ charfilter1, charfilter2, ... ],
    tokenizer = tokenizer,
    token_filters = [ tokenfilter1, tokenfilter2, ... ]
)
```

最初と最後のキーワード引数に指定がなければ前処理と後処理は行われません。つまり、char_filters（前処理）と token_filters（後処理）は未指定だと空リストがデフォルトです。tokenizer は未指定だと None がデフォルトですが、そのときはコンストラクタ内部で Tokenizer() が呼び出されます。

char_filters と token_filters の値がリスト（名前も複数形）なのは、複数の作業を並んだ順にパイプライン的に処理していくからです。たとえば、空白などの余分文字を取り除き、全角英数文字を半角に直し、正規表現で整形するといった順です。普通の Python のメソッドも使えますが（標準のものでも自作メソッドでもよい）、日本語処理でしばしば必要となる処理をまとめたクラスが Janome には用意されています。

char_filters 用のものを次に示します。

クラス	処理
janome.charfilter.RegexReplaceCharFilter	正規表現を用いて文字列を置き換える。
janome.charfilter.UnicodeNormalizeCharFilter	Unicode 文字（全角アルファベットなど）を置換する。

token_filters には次に示す 7 つのクラスが用意されています。

クラス	処理
janome.tokenfilter.CompoundNounFilter	連続した名詞を 1 語にまとめる。
janome.tokenfilter.ExtractAttributeFilter	指定の属性（リストから複数指定可）を持つものだけを抽出する。
janome.tokenfilter.LowerCaseFilter	表層系と原形を小文字化する。
janome.tokenfilter.POSKeepFilter	指定の品詞だけを抽出する。

クラス	処理
janome.tokenfilter.POSStopFilter	指定の品詞だけを除外する。
janome.tokenfilter.TokenCountFilter	指定の属性をキーに janome.tokenizer.Token の数をカウントする（出現頻度カウンター）。
janome.tokenfilter.UpperCaseFilter	表層系と原形を大文字化する。

　tokenzer にはトークナイザー、つまり janome.tokenizer.Tokenizer オブジェクトを指定します。単語分解処理は 1 回だけなので、ここはリストではありません。

■ charfilter

　本章では、正規表現による文字列置き換えの RegexReplaceCharFilter で作業者注とルビを削除します。

　作業者注は、全角開き括弧とハッシュ［# で始まり、1 個以上の任意の文字が間に入り、全角閉じ括弧］で終わります。これを正規表現に直すと、r'［# .+?］' です。

　「1 個以上の任意の文字」の .+ に ? が付いているところがポイントです。「1 個以上」を意味する + は「貪欲マッチ」で、1 行に複数の注が書き込まれていると、最初の注の角括弧開くと最後の注の角括弧閉じるの間がすべてマッチします。これだと、複数の注の間のテキストも消されてしまいます。標準の正規表現から試します。

```
>>> import re
>>> text = '［# 3 字下げ］はしがき［#「はしがき」は大見出し］'     # 注が2つ
>>> re.sub(r'［#.+］', '', text)                         # 貪欲モード（全部消える）
''
>>> re.sub(r'［#.+?］', '', text)                        # 節制モード
'はしがき'
```

　《》でくくられるルビも同様で、正規表現は r'《.+?》' です。

```
>>> text = 'と頗《すこぶ》る不快そうに呟《つぶや》き、毛虫でも払いのける時のような手つきで、'
>>> re.sub(r'《.+?》', '', text)
'と頗る不快そうに呟き、毛虫でも払いのける時のような手つきで、'
```

　ルビには対象となる語の始点を示す全角パイプ | が加わるものもあります。これは、別に取り除きます。

```
>>>   text = 'それに田舎の昔｜気質《かたぎ》の家でしたので、'
>>>   re.sub(r'｜', '', text)
'それに田舎の昔気質《かたぎ》の家でしたので、'
```

正規表現の複数パターン併記の | を使えば、r'《.+?》｜｜' と1つにまとめられます。パイプが2本並んで読みにくいですが、最初が正規表現記号の半角、続くのがリテラルな全角です。

```
>>>   text = 'たいへんな馴染《なじみ》で、また、怪談、講談、落語、江戸｜小咄《こばなし》
などの類にも、'
>>>   re.sub(r'《.+?》｜｜', '', text)
'たいへんな馴染で、また、怪談、講談、落語、江戸小咄などの類にも、'
```

RegexReplaceCharFilter コンストラクタの用法は re.sub() と同じで、第1引数に置き換え対象の正規表現を、第2引数に置き換える文字を指定します。上記2点を作成すれば、次のようになります（41、42行目）。

```
>>>   from janome.charfilter import RegexReplaceCharFilter # インポート
>>>   rrcf_notes = RegexReplaceCharFilter(r'［#.+?］', '')
>>>   rrcf_ruby = RegexReplaceCharFilter(r'《.+?》｜｜', '')
```

テストするなら、オブジェクトに apply() メソッドを適用します。引数は変換対象の文字列です。

```
>>>   rrcf_notes.apply('［#3字下げ］はしがき［#「はしがき」は大見出し］')
'はしがき'

>>>   rrcf_ruby.apply('それは、その子供の姉たち、妹たち、それから、従姉妹《いとこ》たちか
と想像される')
'それは、その子供の姉たち、妹たち、それから、従姉妹たちかと想像される'
```

あとは、これら2つの正規表現前処理を janome.analyzer.Analyzer の char_filters キーワード引数に順に指定します。つまり、[rrcf_note, rrcf_ruby] です（47行目）。互いに依存しない個所を置換しているので、この場合は順番は問いません。

ここでは利用しませんが、UnicodeNormalizeCharFilter も見てみましょう。このクラスは、Unicode で書かれた文字を等価と考えられる半角文字に置き換えるものです。引数はデフォルトでは不要です。先と同じ例文から試します。

```
>>>    from janome.charfilter import UnicodeNormalizeCharFilter
>>>    uncf = UnicodeNormalizeCharFilter()

>>>    uncf.apply('［＃３字下げ］はしがき［＃「はしがき」は大見出し］')
'[#3字下げ]はしがき[#「はしがき」は大見出し]'

>>>    uncf.apply('それは、その子供の姉たち、妹たち、それから、従姉妹《いとこ》たちかと想
像される')
'それは、その子供の姉たち、妹たち、それから、従姉妹《いとこ》たちかと想像される'
```

5

　注の文では全角角括弧、ハッシュ、全角数字が半角に変換されました。カギ括弧は半角に該当するものがないので、そのままです（二重引用符にするなら RegexReplaceCharFilter を使います）。従姉妹のルビの《》も該当しないのでそのままです。

　該当するしないの基準は、Python 標準ライブラリの unicodedata.normalize() と同じです（内部でこのメソッドを呼び出しています）。判定基準は 4 種類あり、デフォルトでは NFKC（互換等価合成正規化形式）が使われます。詳細は Python 標準ライブラリリファレンスの Unicodedata セクション、あるいは Ramalho 著『Fluent Python』、オライリー・ジャパン（2017）の第 5 章を参照してください。

■ tokenizer

　単語分割と品詞判定のトークナイザーは、第 4 章と同じように、janome.tokenizer.Tokenizer() コンストラクタを引数なしで呼び出すだけです（40 行目）。

■ tokenfilter

　本章では連続した名詞を 1 つにまとめる CompoundNounFilter、指定の品詞だけを抽出（取っておく）POSKeepFilter、そして単語の出現頻度をカウントする TokenCountFilter を使います（43 ～ 45 行目）。

　いずれも、内部では Tokenizer.tokenize() から得られた janome.tokenizer.Token（以下 Token）のリストを入力とし、apply() メソッドで動作確認ができます。

　順に説明します。

■ CompoundNounFilter

　トークナイザーの問題は、連続した語で 1 つの名詞を構成するときでも、文脈によってはこれらを分割してしまうところにあります。次の文を考えます。

```
>>>    text1 = '姓はいま記憶していませんが、名は竹一といったかと覚えています'
>>>    text2 = '竹一を二階の自分の部屋に誘い込むのに成功しました。'
```

「竹一」は固有名詞ですが、Janome トークナイザーは 1 文目ではこれを「竹」と「一」に分解します。

```
>>>    from janome.tokenizer import Tokenizer
>>>    t = Tokenizer()

>>>    words1 = list(t.tokenize(text1))
>>>    for w in words1:
...        print(w)
...
姓      名詞,一般,*,*,*,*,姓,セイ,セイ
は      助詞,係助詞,*,*,*,*,は,ハ,ワ
いま    名詞,副詞可能,*,*,*,*,いま,イマ,イマ
記憶    名詞,サ変接続,*,*,*,*,記憶,キオク,キオク
し      動詞,自立,*,*,サ変・スル,連用形,する,シ,シ
：
名      名詞,一般,*,*,*,*,名,ナ,ナ
は      助詞,係助詞,*,*,*,*,は,ハ,ワ
竹      名詞,一般,*,*,*,*,竹,タケ,タケ                    # 竹と
一      名詞,数,*,*,*,*,一,イチ,イチ                      # 一に分かれる
と      助詞,格助詞,引用,*,*,*,と,ト,ト
：
```

しかし、2 文目では分解しません。文頭にあるからです。

```
>>>    words2 = list(t.tokenize(text2))
>>>    for w in words2:
...        print(w)
...
竹一    名詞,固有名詞,人名,名,*,*,竹一,タケイチ,タケイチ        # 分解されない
を      助詞,格助詞,一般,*,*,*,を,ヲ,ヲ
二      名詞,数,*,*,*,*,二,ニ,ニ
階      名詞,接尾,助数詞,*,*,*,階,カイ,カイ
の      助詞,連体化,*,*,*,*,の,ノ,ノ
自分    名詞,一般,*,*,*,*,自分,ジブン,ジブン
の      助詞,連体化,*,*,*,*,の,ノ,ノ
：
```

　1文目でも「竹一」とするには、CompoundNounFilter で連続した名詞を1つにまとめます（43行目）。

```
>>>   from janome.tokenfilter import CompoundNounFilter
>>>   cnf = CompoundNounFilter()
>>>   for w in cnf.apply(words1):
...       print(w)
...
姓      名詞,一般,*,*,*,*,姓,セイ,セイ
は      助詞,係助詞,*,*,*,*,は,ハ,ワ
いま記憶      名詞,複合,*,*,*,*,いま記憶,イマキオク,イマキオク    # 複合
し      動詞,自立,*,*,サ変・スル,連用形,する,シ,シ
⋮
名      名詞,一般,*,*,*,*,名,ナ,ナ
は      助詞,係助詞,*,*,*,*,は,ハ,ワ
竹一      名詞,複合,*,*,*,*,竹一,タケイチ,タケイチ                # 複合
と      助詞,格助詞,引用,*,*,*,と,ト,ト
⋮
```

　「竹一」が1語になったのは喜ばしいことですが、「いま記憶」までが1語になりました。「いま」と「記憶」が名詞だからです。幸いなことに本文には1回しか登場しないので、影響はありません。しかし、2文目の「二」と「階」の結合は厄介です。

```
>>>   for w in cnf.apply(words2):
...       print(w)
...
竹一      名詞,固有名詞,人名,名,*,*,竹一,タケイチ,タケイチ
を      助詞,格助詞,一般,*,*,*,を,ヲ,ヲ
二階      名詞,複合,*,*,*,*,二階,ニカイ,ニカイ                    # 複合
の      助詞,連体化,*,*,*,*,の,ノ,ノ
⋮
```

　ワードクラウドに「一枚」や「二人」など数を含んだ語が頻出したのはこの動作によるものです。しかも、名詞の品詞細分類1が「複合」に変わるため、他の複合名詞と区別できません。「竹一」は1文目では「名詞,固有名詞」とそのまま、2文目では「名詞,複合」です。「二階」も「名詞,複合」です。ワードカウント時に複合を除外してしまうと、二階はなくなっても、竹一の出現回数も減ります。本章では、余分な複合名詞が現れても大勢に影響はないとして、CompoundNounFilter を使っています。使用しない方がよい効果が得られることもあるでしょう。

複雑な名前も苦手です。たとえば「古今亭志ん生」は「ん」が名詞ではないので、「古今亭志」という複合名詞になります。

```
>>>   for w in cnf.apply(t.tokenize('古今亭志ん生')):
...      print(w)
...
古今亭志          名詞,複合,*,*,*,*,古今亭志,ココンテイココロザシ,ココンテイココロザシ
ん         助詞,格助詞,一般,*,*,*,ん,ン,ン
生        名詞,形容動詞語幹,*,*,*,*,生,ナマ,ナマ
```

こうした例外事項には、第 3 章でやったように、あらかじめターゲットの語を用意しておけば対処できます。Janome ではカスタム辞書を用意することになりますが、本書では扱いません。詳細は Janome のドキュメントを参照してください。

■ POSKeepFilter

指定の品詞だけをキープし、他を削除する POSKeepFilter を作成するには、引数に取っておきたい品詞のリストを指定します（44 行目）。品詞は第 4 章で説明した Mecab IPADIC の 4 要素構造の文字列です。「名詞,複合」、「名詞,固有名詞,人名」、「名詞,固有名詞,地域」を指定するなら、次のようにします。

```
>>>   from janome.tokenfilter import POSKeepFilter
>>>   pkf = POSKeepFilter(['名詞,複合', '名詞,固有名詞,人名', '名詞,固有名詞,地域'])
```

名詞結合済みの words2（「竹一を二階の ...」の文）から試します。こちらも、動作確認には apply() メソッドを使います。

```
>>>   filtered = list(pkf.apply(words2))
>>>   for w in filtered:
...      print(w)
...
竹一     名詞,固有名詞,人名,名,*,*,竹一,タケイチ,タケイチ
二階     名詞,複合,*,*,*,*,二階,ニカイ,ニカイ
```

残るのはこれら 2 語だけです。

単語は、その品詞と引数のものが先頭でマッチすれば抽出されます（内部で str.startswith() が使われています）。たとえば、「名詞,固有名詞,人名」を指定すると、単語の 3 つ目の細分類が

何であってもマッチします。次に「名詞,固有名詞,人名」でマッチするすべての品詞を示します。

```
名詞,固有名詞,人名,一般
名詞,固有名詞,人名,姓
名詞,固有名詞,人名,名
```

　単語結合による「名詞,複合」はデフォルトの状態では存在しません。したがって、token_filters キーワード引数では、CompoundNounFilter を POSKeepFilter よりも先に指定しなければなりません。

　POSKeepFilter（キープする）の反対の削除するクラスは POSStopFilter です。

TokenCountFilter

　TokenCountFilter は、Token の指定の属性をベースにその個数をカウントします。引数には、att キーワード引数から属性名を指定します（45 行目）。デフォルトではソートしないので、出現頻度が大きい順に並べるのなら sorted キーワード引数に True をセットします。戻り値は、属性値と出現回数のタプルのリストです。

　「竹一を二階の ...」の 1 文（words2）を対象に、apply() メソッドから動作を確認します。カウント対象の属性は表層系（surface）です。

```
>>>  from janome.tokenfilter import TokenCountFilter
>>>  tcf = TokenCountFilter(att='surface', sorted=True)
>>>  for w in tcf.apply(words2):
...      print(w)
...
('の', 3)
('に', 2)
('竹一', 1)
('を', 1)
('二', 1)
('階', 1)
('自分', 1)
('部屋', 1)
('誘い込む', 1)
('成功', 1)
('し', 1)
('まし', 1)
('た', 1)
('。', 1)
```

「の」が 3 回と最頻の語であることがわかります。

品詞別の統計を得るなら、att キーワード引数に part_of_speech を指定します。カンマで区切られた 4 要素の品詞全体をキーにカウントされます。

```
>>>  tcf2 = TokenCountFilter(att='part_of_speech', sorted=True)
>>>  for w in tcf2.apply(words2):
...      print(w)
...
('助詞,格助詞,一般,*', 3)              # 「を」が1回と「に」が2回
('助詞,連体化,*,*', 2)               # 「の」が2回
('名詞,一般,*,*', 2)                # 「自分」と「部屋」
('動詞,自立,*,*', 2)                # 「誘い込む」と「しました」の「し」
('助動詞,*,*,*', 2)                # 「ました」の「ま」と「した」
('名詞,固有名詞,人名,名', 1)          # 「竹一」
('名詞,数,*,*', 1)                  # 「二」
('名詞,接尾,助数詞,*', 1)            # 「階」
('名詞,非自立,一般,*', 1)            # 「誘い込むのに」の「の」
('名詞,サ変接続,*,*', 1)            # 「成功」
('記号,句点,*,*', 1)                # 「。」
```

■ Analyzer の実行

前処理、分解、後処理の実作業を行う Analyzer は、3 つのキーワード引数を指定したコンストラクタから準備します（46 〜 50 行目）。

```
>>>  analyzer = Analyzer(
...      char_filters = [ rrcf_notes, rrcf_ruby ],
...      tokenizer = t,
...      token_filters = [ cnf, pkf, tcf ]
...  )
```

引数にターゲットのテキストを指定して analyze() メソッドを呼び出せば実行されます（51 行目）。メソッドの戻り値は token_filters の最後のフィルタの戻り値です。CompoundNounFilter や POSKeepFilter のようにリスト内の Token を操作（削除や結合）するクラスならば、出力は Tokenizer.tokenize() 同様、Token のリストです。TokenCountFilter のときはタプルのリストです。

ここでは、token_filters の最後に TokenCountFilter を指定したので、タプル（表層系とその

出現回数）のリストです。

　最後に、出現回数が 3 回以上の名詞のみを抽出します（51 行目）。最小出現回数によるフィルタリング機能は Janome には備わっていないので、ここはいつも通りにリスト内包表記を用いています。

■ generate_wc

　固有名詞とその出現回数のタプルのリストが得られたので、generate_wc() メソッド（57 ～ 69 行目）でワードクラウド画像を生成します。

　気付かれたと思いますが、コードにいつもの出現頻度計算（出現回数÷全語数）がありません。実は、wordcloud.WordCloud クラスは生の個数でも受け付けてくれるのです。ただし、文字列をキー、出現回数を値とした辞書でなければならない点は変わらないので、タプルのリストから変換します（58 行目）。

　WordCloud コンストラクタで新たに加えたキーワード引数は prefer_horizontal です。この浮動小数点数値が 1 未満だと、スペース不足のときには 90 度回転することで空き領域にフィットさせます。有意義な機能ですが、回転方向が本の背表紙と反対なために、やや読みにくいのが難点です。そこで、この値を 1 以上にすることで、回転を抑制します。スペースの有効活用ができませんが、本章の素材と処理のようにターゲットの単語の種類が少ないときには問題になりません。

　あとはこれまでと同じです。フォントは趣向を変えて HG プロポーショナル行書体フォント（HGRGY.ttc）を用いました（ターゲットが古典ですから）。背景色は (185, 83, 79) で、HTML/CSS の色名では IndianRed (205, 92, 92) に近い色です。この値は、新潮文庫版の表紙の背景色から取ってきました。文字の配色は cividis ですが、深く考えたわけではありません。

　RGB 数値表現の色に最も近い色名を求める方法は付録 A.10 にまとめたので参考にしてください。

HTML の表を
グラフにする

| HTML | 表 | 日本語 |

データソース	気象庁
データタイプ	HTML 表（text/html; charset=utf-8）
解析方法	表抽出
表現方法	グラフ（棒グラフ＋ヒストグラム）
使用ライブラリ	html5lib、Matplotlib、Pandas

6.1 目的

■ グラフ

　本章では、HTML ページから表（<table>）を抽出し、そのデータから複数のグラフを生成します。

　気象庁の「日本付近で発生した主な被害地震」から生成したグラフを次に示します。左図は横軸に地震の発生年月日を、縦軸にマグニチュードを取ったステムグラフです。垂直に伸びる線が茎（stem）で、先端の丸が葉っぱだからそう呼ばれます。棒グラフの変形版で、先端位置がわかりやすく、値の分布が読みやすいという特徴があります。右図はマグニチュードのヒストグラム（度数分布図）で、横軸がマグニチュード、縦軸がその発生回数（度数）です。最も左の棒は、4 以上 5 未満のマグニチュードの地震が 18 回あったことを示しています。

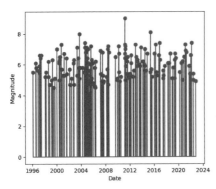
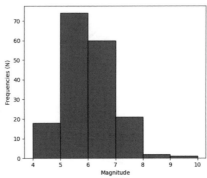

　左図の抜きんでた棒から、過去 30 年弱の間に特大級の地震が 3 回あったことがわかります。左のステムが 2004 年 10 月の新潟県中越地震（M8.0）、中央が 2011 年 3 月の東北地方太平洋沖地震（M9.0）、右が 2015 年 5 月の小笠原諸島西方沖地震（M8.1）です。また、棒の間隔が 2004 年から 2005 年にかけて詰まっているところから、その 2 年間に多発したこともわかります。右図からは M8 を超える地震はそうないことが読み取れます。

　本章では表を含んだ HTML のダウンロードから作図までの一連の処理をスクリプトから行いますが、プログラムでのグラフ処理には慣れが必要です。そこで、手慣れたスプレッドシートアプリケーションからでもできるように、抽出した表を Excel および CSV ファイルとしても保存します。

■ ターゲット

　例題に用いる気象庁の被害地震データは次の URL から取得できます。

```
https://www.data.jma.go.jp/svd/eqev/data/higai/higai1996-new.html
```

　表は発生年月日、震央地名・地震名、マグニチュード（M）、最大震度、津波の高さ、人的被害（負傷者や死者の数）、物的被害（家屋の損壊）の 7 列で構成されています。画面冒頭のリンクからわかるように、表は 10 年単位で 3 枚に分けて表示されています。上記のグラフは、これら 3 枚を 1 枚にまとめた結果です。

6.2 方法

■ 手順

　Web アクセスからグラフ生成までの手順を次に示します。括弧に示したのは、そのステップで用いる Python の外部ライブラリです。矢印脇は前のステップが出力し、次のステップに入力されるデータです。

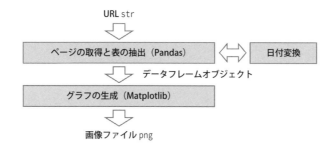

　これまでの章よりもシンプルです。これは、表形式データを得意とする Pandas パッケージが Web アクセス、HTML 解析、そして表データの整形をすべて担当してくれるからです。図の右にある日付変換は、Pandas では直接的には対応できない元号入りの日付を整理するためのものです。

　Pandas にはグラフプロットの機能もあるので、表データの操作はこれ 1 つでたいてい済んでしまいます。もっとも、Pandas のグラフ機能は Matplotlib をそのまま使っているので、ここではグラフ描画は Matplotlib から行います。こうすれば、第 3 章で習い覚えた手を使いまわせます。

　簡単に思えますが、それは、本章のターゲットの表がいくつかの前提条件をクリアしているからです。たとえば、グラフにする表の列のフォーマットが整っている（日付の列に「不明」などのデータがない）、複数の表が同じ形式である（欠けた、あるい追加の列のある表がない）、列見出しが <th> で示されているなどです。ただ、表というのはもともと構造が決まっているので、小説のようなフリーな文章と比べると機械的な扱いに向いていることは確かです。

　構造があやふやな表もないわけではないですし、それを HTML の <table> で作成するときも、

データ構造よりも見栄えを重視した変則的な手が使われることもないわけではありません。そうなると Pandas のデフォルト処理だけでは対応できないので、これまでと同様に事前あるいは事後の整形が必要になります。

■ ターゲットの表について

　ターゲットの 3 枚の表はすべて同一の構造なので、単純に上から下につなげれば 1 枚にまとまります（Excel で表を無造作にコピーして貼り付けるのと同じです）。他に表はないので、表を取捨選択するなどの手間もかかりません。

　HTML データから、表見出しとデータ 1 行を示します。7 列構成です。

```
<tr class="mtx">
  <th>発生年月日</th>
  <th>震央地名・地震名</th>
  <th>M</th>
  <th>最大震度</th>
  <th>津波</th>
  <th>人的被害</th>
  <th>物的被害</th>
</tr>

<tr class="mtx">
  <td>令和４年（2022年）11月9日</td>
  <td>茨城県南部</td>
  <td>4.9</td>
  <td>５強</td>
  <td></td>
  <td>負１</td>
  <td>なし <p align="right" class="stx">【令和４年11月16日現在】</p> </td>
</tr>
```

　問題は日付です。令和も平成も昭和も、Pandas には日付として認識されません。また、古いデータのものには 1 桁月日の前にスペースが加わっているなど軽微な補正が必要なものもあります。ここでは、これらを正規表現で Pandas の解釈できる日付フォーマットに直します。

```
令和４年（2022年）11月9日 → 2022-11-09
```

　日付には、期間があるときは次の例に示すように「～」（U+FF5E）が末尾に加わる例外もありま

す。これも、正規表現で変換するときに削除します。

平成28年（2016年）4月14日〜 → 2016-04-14

　マグニチュードの列見出しの「M」（U+FF2D）は全角文字です。Python/Pandas は Unicode 対応なので全角でも構わないですが、列を指定するときに打ち間違えやすいので注意が必要です。というのも、字面は同じように見えても、Unicode コードポイントが異なるからです。そして、文字の比較は見かけではなくコードポイントから行われるので、誤った文字では検索は失敗します。次に 5 つの「M」を示します。文字、Unicode コードポイント（16 進数）、Unicode 名の順です。

```
>>>    import unicodedata
>>>    for m in 'MMMMM':
...        print(f'{m}: {hex(ord(m))}, {unicodedata.name(m)}')
...
M: 0x4d, LATIN CAPITAL LETTER M                      # 半角アルファベット
M: 0x41c, CYRILLIC CAPITAL LETTER EM                 # キリル文字
M: 0x216f, ROMAN NUMERAL ONE THOUSAND                # ローマ数字の千（ミレ）
M: 0xff2d, FULLWIDTH LATIN CAPITAL LETTER M          # 全角
M: 0x2133, SCRIPT CAPITAL M                          # イタリック
```

　マグニチュードの値そのものは半角表記の小数点数ですが、一部、次のように注の※印が付いているものもあります（U+203B）。

```
<td>7.3<br><sup>※1</sup></td>
```

　Pandas が HTML テキストから抽出すると、これは「7.3 ※ 1」となり、そのままでは浮動小数点数（float）に変換できません。これも、正規表現を使って整形します。

■ Pandas

　Pandas という名称は、「パネルデータ」（Panel Data）と呼ばれる表形式あるいは「Python Data Analysis」から来ています。白黒の動物ともイタリアの小型車とも関係ありません。行や列を分けて操作ができるので、たとえば 4 列目の平均を取るなどが簡単にできます。HTML の <table> だけでなく、Microsoft Excel、CSV/TSV、固定幅で列を並べたプレーンテキストファイル、XML や JSON などたいていの表フォーマットを読み書きできます（JSON は第 11 章で扱います）。Python で表を扱うならこれです。

ホームページの URL を次に示します。

```
https://pandas.pydata.org/
```

Pandas には膨大な数の機能があるので、ここで説明できるのは本章のスクリプトで使用する範囲だけです。Pandas の書籍はたくさん出ているので、まとまった情報が入用ならそちらを参照してください。

HTML データを読み込むとき、Pandas は外部の HTML 解析器（パーザー）を用います。利用可能なパーザーは html5lib または lxml です（デフォルトは後者）。Beautiful Soup では Python 標準の html.parser も利用できましたが（第 4 章）、Pandas はこれを受け付けません（html.parser と html5lib の違いは付録 A.6 を参照してください）。本章では html5lib を用います。

■ html5lib

外部パッケージの html5lib は Pandas から暗黙裡に呼び出されるだけなので、用法は知らなくても支障ありません。必要なのはインストールしておくことだけです。参考までに、ドキュメントの URL を次に示します。

```
https://html5lib.readthedocs.io/en/latest/
```

■ OpenPyXL

Pandas には、読み込んだ表データを CSV や Excel として保存する機能があります。CSV はただのテキストなのでそのまま書き出せますが、Excel 操作には OpenPyXL という外部パッケージが必要です。その名の通り、Python で Microsoft Excel を読み書きするためのパッケージです。対応しているのは Excel 2010 の xlsx フォーマットです。

ホームページの URL を次に示します。もっとも、こちらも Pandas 経由でしか利用しないので、細かいことは気にしなくて済みます。

```
https://openpyxl.readthedocs.io/
```

■ セットアップ

Pandas、そしてそこから呼び出される html5lib と OpenPyXL は外部パッケージなので、利用に先立ってインストールしなければなりません。

```
pip install html5lib
pip install openpyxl
pip install pandas
```

グラフ作成の Matplotlib すでに導入済みのはずですが、まだなら次の要領で追加します。

```
pip install matplotlib
```

■ スクリプト

　HTML テキストから表（<table>）を抽出し、そのデータから棒グラフを描くスクリプトを次に示します。

html_graph.py

```python
1  import re
2  import sys
3  import matplotlib.pyplot as plt
4  import pandas as pd
5
6
7  def jdate_to_datetime(jdate):
8      yymmdd = re.sub(r'\s+', '', jdate)
9      matches = re.search(r'((\d+)年)(\d+)月(\d+)日', yymmdd)
10     yymmdd = [s.zfill(2) for s in matches.groups()]
11     yymmdd = '-'.join(yymmdd)
12     return yymmdd
13
14
15 def extract_tables(url):
16     df_list = pd.read_html(url, flavor='html5lib')
17     df = pd.concat(df_list, axis='index')
18
19     re_notes = re.compile(r'※\d+')
20     df.replace(re_notes, '', inplace=True, regex=True)
21     df['発生年月日'] = df['発生年月日'].apply(jdate_to_datetime)
22     df['発生年月日'] = pd.to_datetime(df['発生年月日'], format='%Y-%m-%d')
23     df['M'] = pd.to_numeric(df['M'])
24     magnitude = df['M'].to_list()
25
26     print(f'{len(df_list)} tables found. Joined: {df.shape}. {df.columns}',
27           file=sys.stderr)
28     print(f'Max {max(magnitude)}, Min {min(magnitude)}', file=sys.stderr)
29     return df
30
31
32 def generate_plot(df):
33     fig, axes = plt.subplots(nrows=1, ncols=2, figsize=(12.8, 4.8))
```

```
34
35    # 発生年月日とマグニチュードのステムグラフ
36    axes[0].set_xlabel('Date')
37    axes[0].set_ylabel('Magnitude')
38    axes[0].stem(df['発生年月日'], df['M'])
39
40    # マグニチュードのヒストグラム
41    axes[1].set_xlabel('Magnitude')
42    axes[1].set_ylabel('Frequencies (N)')
43    axes[1].hist(df['M'], edgecolor='black', bins=list(range(4, 11)))
44
45    return fig
46
47
48
49 if __name__ == '__main__':
50    url = 'https://www.data.jma.go.jp/svd/eqev/data/higai/higai1996-new.html'
51    df = extract_tables(url)
52    df.to_csv('html_graph.csv')
53    df.to_excel('html_graph.xlsx')
54
55    fig = generate_plot(df)
56    fig.savefig('html_graph.png')
```

■ 実行例

　コンソール／コマンドプロンプトから実行します。アクセス先の URL はハードコーディングしているので（50 行目）、コマンドライン引数なしです。

```
$ html_graph.py
3 tables found. Joined: (176, 7). Index(['発生年月日', '震央地名・地震名', 'M',
  '最大震度', '津波', '人的被害', '物的被害'], dtype='object')
Max 9.0, Min 4.1
```

　URL からダウンロードした HTML テキストには 3 つの表がありました（出力の 1 行目）。これらを結合すると、行数はトータルで 176、列数は 7 でした（176, 7）。列見出しは配列の形で示されています。末尾の dtype はデータ型を示しており、object はいろいろな型が混じっているという意味です。

　最後の最大値と最小値はマグニチュードのものです。

　出力する 2 枚のグラフを収容した画像、Excel、CSV のファイルの基幹名は `html_graph` で、それぞれのファイルフォーマットにあわせて拡張子を加えています（スクリプトの 52、53、56 行目）。

6.4　スクリプトの説明

■ 概要

　スクリプトの説明をします。スクリプトファイルは `html_graph.py` です。

　必要な外部パッケージは `pandas` と `matplotlib` です。前者は略して `pd` と参照するのが一般的なので、`as pd` とエイリアスしています（4 行目）。後者の要領は第 3 章と同じです（3 行目）。html5lib と OpenPyXL は Pandas から呼び出されるので、明示的にインポートする必要はありません。

　スクリプトには次の 3 つのメソッドを用意しました。メイン部分（49 行目〜）は正確にはメソッドではありませんが、依存パッケージがあるのでここに併記しました。

メソッド	使用ライブラリ	用途
`jdate_to_datetime()`	re	元号混じりの日付を yyyy-mm-dd の形式に直す。補助用。
`extract_tables()`	pandas、html5lib	URL にアクセスし、得られた HTML テキストから表を抜き出す。
`generate_plot()`	matplotlib.pyplot	表データから棒グラフを生成する。
`main`	openpyxl	表データを Excel 形式で保存する。

　メイン部分は `extract_tables()`、`generate_plot()` を順に呼び出します。補助用の `jdate_to_datetime()` は `extract_tables()` から使用します。表の Excel 保存の OpenPyXL は暗黙的に用いられるので、スクリプトからの操作はありません。

■ jdate_to_datetime

　`jdate_to_datetime()` メソッド（7 〜 12 行目）から説明します。このメソッドは、気象庁の表の発生年月日列の日付文字列を「yyyy-mm-dd」形式の文字列に変換します。

　入力は「令和 4 年（2022 年）11 月 9 日」の形式の文字列です。古い日付のものでは「平成␣8 年（1996 年）␣9 月␣9 日」のように、1 桁年月日の前に半角スペースが 1 つ挿入されています。西暦をくくる括弧は全角です（U+FF08 と U+FF09）。以下、古い方をサンプルに使います。

最初に re.sub() でスペースを除きます（8行目）。

```
>>>   import re
>>>   jdate = '平成 8年（1996年） 9月 9日'                    # スペースあり
>>>   yymmdd = re.sub(r'\s+', '', jdate)
>>>   yymmdd
'平成8年（1996年）9月9日'                                       # スペースなし
```

　続いて、西暦、月、日を re.search() で検索します。このメソッドは正規表現中の括弧 () で括ったグループを収容したマッチオブジェクトを返します（9行目）。グループ化の半角括弧 () と西暦をくくるリテラルな全角括弧 （） が紛らわしいので注意してください。年月日は数値なので \d+ でマッチできます。

```
#                           ↓  と  ↓  は全角括弧
>>>   matches = re.search(r'（(\d+)年）(\d+)月(\d+)日', yymmdd)
>>>   type(matches)
<class 're.Match'>
```

　グループはマッチオブジェクトから個々に取り出せますが、ここではまとめてタプルで返してくれる re.Match.groups() メソッドを使います（10行目）。

```
>>>   matches.groups()
('1996', '9', '9')
```

　スペース抜きと日付抽出を一気に処理するなら r'（(\d+) 年）\s*(\d+)\s* 月 \s*(\d+) 日' ですが、正規表現はまとめすぎると読みにくくなります。行数は増えますが、場合によっては分けて考えた方が楽なこともあります。

　月日が1桁のときに0を先付けするには、str.zfill() が便利です。引数には0で埋めたあとの文字幅を指定します。ここでは2桁になるように2を指定します（10行目）。

```
>>>   [s.zfill(2) for s in matches.groups()]
['1996', '09', '09']
```

　あとは、join() を使ってこのリストをハイフン - で連結するだけです（11行目）。

```
>>>  '-'.join([s.zfill(2) for s in matches.groups()])
'1996-09-09'
```

　Pandas の日付文字列の変換が用いる time.strptime() が 1 桁数字の月日でも受け付けてくれるので zfill() は省けますが、標準ライブラリのリファレンスはわざわざ「01」のように書いているので、そちらに従います。

```
>>>  import time
>>>  time.strptime('1996-9-9', '%Y-%m-%d')              # 1桁月日でも通る
time.struct_time(tm_year=1996, tm_mon=9, tm_mday=9, tm_hour=0, tm_min=0,
                 tm_sec=0, tm_wday=0, tm_yday=253, tm_isdst=-1)
```

■ extract_tables

　extract_tables() メソッド（15 〜 29 行目）は URL から HTML テキストをダウンロードし、そこから表を取り出し、グラフ描画に適切になるようにデータフォーマットを整えます。これらすべての作業は Pandas だけでできます。

　URL から HTML テキストを読み、表を抽出するには pandas.read_html() メソッドを使います（16 行目）。優れもので、引数に URL が指定されればインターネットアクセスをすることでデータを取得し、ローカルファイルが指定されればそれを読みます。あらかじめオープンされたファイルオブジェクトにも対応しているので、第 5 章のように io.BytesIO() 経由でバイト列も入力できます。

```
>>>  import pandas as pd
>>>  url = 'https://www.data.jma.go.jp/svd/eqev/data/higai/higai1996-new.html'
>>>  df_list = pd.read_html(url, flavor='html5lib')
```

　flavor キーワード引数には HTML 解析器（パーザー）を指定します。デフォルトでは lxml が用いられますが、ここでは前述したように html5lib を用います。

　複数の表に対応しているので、戻り値はリストです（表が 1 枚だけのときは 1 要素のリスト）。len() から表の数を知ることができます。

```
>>>  type(df_list)                                      # 複数表なのでリスト
<class 'list'>
```

```
>>> len(df_list)                              # 表は3枚
3
```

■ DataFrame

リストの要素は pandas.DataFrame というデータ型です（以下 DataFrame）。これは行（縦方向）と列（横方向）の 2 次元の表を表現するクラスです。0 番目の要素（HTML ページ先頭の表）から確認します。

```
>>> type(df_list[0])
<class 'pandas.core.frame.DataFrame'>
```

DataFrame には表の構成を示す属性や操作メソッドがいくつもあります。よく使うものを次に示します。

DataFrame.shape 属性は表の縦横（行列）サイズをタプルで返します。0 番目の表は、次の実行例から 36 行 7 列なことがわかります。

```
>>> df_list[0].shape
(36, 7)
```

DataFrame.columns 属性は、列見出しのリスト（正確には pandas.Index オブジェクト）を返します。列見出しは、Pandas が <table> の <th> セルを認識して自動的に用意してくれます。

```
>>> df_list[0].columns
Index(['発生年月日', '震央地名・地震名', 'M', '最大震度', '津波', '人的被害', '物的被害
'], dtype='object')
```

各列のデータ型を確認するには、DataFrame.dtypes 属性です。

```
>>> df_list[0].dtypes
発生年月日        object
震央地名・地震名   object
M              object
最大震度         object
津波            object
人的被害         object
```

```
物的被害            object
dtype: object
```

すべて object ですが、発生年月日とMは、のちほど日付型と浮動小数点数型に変換します。

中身を数行表示するには、先頭なら DataFrame.head()、末尾なら DataFrame.tail() メソッドを用います。どちらも、引数には行数を指定します。行・列ともに、長ければ一部省略されます（ここでは紙面に収まるよう手で調整しています）。

```
>>>  df_list[0].head(2)                              # 最初の2行
          発生年月日 震央地名・地震名    M 最大震度   津波 人的被害 ...
0  令和4年（2022年）11月9日    茨城県南部 4.9   5強  NaN  負 1 ...
1  令和4年（2022年）6月20日  石川県能登地方 5.0   5強  NaN  負 7 ...

>>>  df_list[0].tail(2)                              # 末尾の2行
          発生年月日                 震央地名・地震名  ...
34 平成28年（2016年）4月14日〜  熊本県熊本地方など 平成28年（2016年）熊本地震 ⇒...
35 平成28年（2016年）1月14日                     浦河沖

[2 rows x 7 columns]
```

特定の1列だけを抽出するなら、DataFrame にリスト風に [] を加えて、そこに列名を示します。

```
>>>  df_list[0]['発生年月日']
0        令和4年（2022年）11月9日
1        令和4年（2022年）6月20日
 ⋮
34       平成28年（2016年）4月14日〜
35       平成28年（2016年）1月14日
Name: 発生年月日, dtype: object
```

1行だけを行番号（0からカウント）から抽出するなら、DataFrame.iloc メソッドです。メソッドですが、こちらもリスト風に [] を使います。

```
>>>  df_list[0].iloc[11]                              # 12行目
発生年月日        令和2年（2020年）12月21日
震央地名・地震名    青森県東方沖
M            6.5
最大震度        5弱
津波          NaN
```

```
人的被害            負 1
物的被害            なし 【令和 2 年12月28日現在】
Name: 11, dtype: object
```

　どちらのケースでも、メソッドの戻り値は 2 次元の行列ではなく 1 次元のデータ列です。した
がって、データ型は DataFrame ではなく、1 次元用の pandas.Series（以下、Series）で表現され
ます。

```
>>>  type(df_list[0]['発生年月日'])                    # 列を抽出
<class 'pandas.core.series.Series'>
>>>  type(df_list[0].iloc[11])                        # 行を抽出
<class 'pandas.core.series.Series'>
```

■ rowspan

　HTML の表（<table>）では、上の行の列をそのまま使うときに rowspan を指定します。たとえ
ば、<td rowspan="2"> と書くことで、そのセルが直下の行まで拡張されます。この記法は気象庁
ページでも使われています。たとえば、第 1 表の 2、3 行目です。

令和 4 年（2022年）6月20日	石川県能登地方	5.0	5 強		負 7	住家一部破損 62棟
令和 4 年（2022年）6月19日		5.4	6 弱			【令和 4 年11月18日現在】

　HTML ソースでは次のようになっています。

```
<tr class="mtx">
  <td>令和 4 年（2022年）6月20日</td>
  <td rowspan="2">石川県能登地方</td>
  <td>5.0</td>
  <td>5 強</td>
  <td></td>
  <td rowspan="2">負 7 </td>
  <td rowspan="2">住家一部破損 62棟 <p align="right" class="stx">【令和 4 年11月18日現在
】</p></td>
</tr>
<tr class="mtx">
  <td>令和 4 年（2022年）6月19日</td>
  <td>5.4</td>
  <td>6 弱</td>
```

```
     <td></td>
  </tr>
```

このような場合、Pandas は上の行のセルデータを下の行にコピーします。DataFrame.iloc メソッドから確認します。

```
>>> df_list[0].iloc[1]                                    # 2行目
発生年月日                 令和 4 年（2022 年）6 月20日
震央地名・地震名            石川県能登地方                           # rowspan
M                        5.0
最大震度                  5 強
津波                     NaN
人的被害                  負 7                                    # rowspan
物的被害                  住家一部破損 62棟 ...                    # rowspan
Name: 1, dtype: object

>>> df_list[0].iloc[2]                                    # 行目
発生年月日                 令和 4 年（2022 年）6 月19日
震央地名・地震名            石川県能登地方                           # 上の行から
M                        5.4
最大震度                  6 弱
津波                     NaN
人的被害                  負 7                                    # 上の行から
物的被害                  住家一部破損 62棟 ...                    # 上の行から
Name: 2, dtype: object
```

なお、NaN（Not a Number）とあるのは空欄（<td></td>）の箇所です。

■ 表の結合

複数の表を結合するには、pandas.concat() メソッドを使います（17 行目）。引数には DataFrame のリストと表を縦横のどちらに連結していくのかの指示を指定します。連結方向のキーワード引数は axis で、縦方向（1 番目の表の下に 2 番目の表を加える）のときは 'index' あるいは数値で 0 を指定します。横方向なら 'columns' あるいは 1 です。ここでは縦方向を指定します。

```
>>> df = pd.concat(df_list, axis='index')
```

結合されたかを列数から確認します。df_list にある列数の総和が、結合後の列数と一致してい

ればできあがっています。

```
>>>   sum([d.shape[0] for d in df_list])                # df_listの列の総数
176
>>>   df.shape                                          # dfの列数
(176, 7)
```

■ 注の削除

　続いて表（セル）データを整形します。

　まずは、注の※です。注はいずれも「※1」のように※と半角数字で構成されているので、正規表現 r' ※ \d+' で表現できます（19行目）。これを空文字と置き換えるには DataFrame の replace() メソッドを使います（20行目）。

　第1引数にはサーチする文字列を、第2引数には置き換える文字列を指定します。通常動作では固定文字列を対象としているので、正規表現での置き換えでは regex キーワード引数を True にセットします。また、メソッドは変換後の DataFrame を返しますが、操作対象の DataFrame オブジェクトをその場（インプレイス）で置き換えるなら、inplace キーワード引数を True にセットします。

　DataFrame.replace() は表全体（2次元）ですべての該当箇所を置き変えます。たとえば、第1表の35行目では、M、最大震度、人的被害のいずれにも※が付いています。

```
>>>   df.iloc[34]
発生年月日            平成28年（2016年）4月14日～
震央地名・地震名        熊本県熊本地方など 平成28年（2016年）熊本地震 ⇒特設ページへ
M                7.3 ※1
最大震度            7 ※2
津波              NaN
人的被害            死 273 負 2,809 ※3
物的被害            住家全壊 8,667棟 住家半壊 34,719棟 住家一部破損 162,500棟 ...
Name: 34, dtype: object
```

置き換えます。

```
>>>   import re
>>>   re_notes = re.compile(r'※\d+')
>>>   df.replace(re_notes, '', inplace=True, regex=True)
```

確認します。

```
>>>  df.iloc[34]
発生年月日              平成28年（2016年）4月14日～
震央地名・地震名         熊本県熊本地方など 平成28年（2016年）熊本地震 ⇒特設ページへ
M                   7.3
最大震度              7
津波                 NaN
人的被害              死 273 負 2,809
物的被害              住家全壊 8,667棟 住家半壊 34,719棟 住家一部破損 162,500棟 ...
Name: 34, dtype: object
```

■ 日付の変換

　DataFrame に埋まっている文字列を Pandas の日時型に変更するには、pandas.to_datetime() メソッドを使います。一般的な用法では第 1 引数に変換元のデータを、日付フォーマットを format キーワード引数から指定します。第 1 引数には文字列単体、あるいは行または列を指定できます。文字列を対象に、用例を次に示します。

```
>>>  pd.to_datetime('2022年01月09日', format='%Y年%m月%d日')
Timestamp('2022-01-09 00:00:00')
```

　日付フォーマットの形式は、Python 標準の time.strptime() と同じ % で始まる記号です。%Y は 4 桁西暦、%m は数字での月、%d は日付です。

　しかし、ここでは直接には使えません。令和だったり平成だったりと元号の文字列が変化するので固定フォーマットの format では表現できないからです。そこで、1 列目の発生年月日は、先に定義した変換関数の jdate_to_datetime() であらかじめ pandas.to_datetime() に合うように変換します。関数にもとづいてセルを変換するには、apply() メソッドを使います。引数には関数を指定します。

　対象は 1 列目（発生年月日）なので、apply() は df[' 発生年月日 ']（DataFrame ではなく Series）に作用させます。第 1 引数には関数を指定します。

```
>>>  df['発生年月日'].apply(jdate_to_datetime)
0      2022-11-09
1      2022-06-20
2      2022-06-19
```

```
3      2022-03-16
4      2022-01-22
              ...
68     1997-03-03
69     1996-12-21
70     1996-09-09
71     1996-08-11
72     1996-03-06
Name: 発生年月日, Length: 176, dtype: object
```

　メソッドの戻り値は上記のように 1 列（Series）です。DataFrame.replace() のようにインラインでの置き換えはしないので、戻り値を df[' 発生年月日 '] に上書きします（21 行目）。

```
>>> df['発生年月日'] = df['発生年月日'].apply(jdate_to_datetime)
```

　DataFrame の df の 1 列目が yyyy-mm-dd のフォーマットに変換されました。DataFrame.head() から最初の 3 行を確認します。

```
>>> df.head(3)
   発生年月日     震央地名・地震名 M   最大震度    津波 人的被害  物的被害
0  2022-11-09  茨城県南部      4.9  5強    NaN  負1   なし 【令和４年11月16日現在】
1  2022-06-20  石川県能登地方   5.0  5強    NaN  負7   住家一部破損 62棟 ...
2  2022-06-19  石川県能登地方   5.4  6弱    NaN  負7   住家一部破損 62棟 ...
```

　これなら pandas.to_datetime() で変換できます。変換対象は 1 列目だけなので、先ほどと同じ要領で戻り値を 1 列目に代入します（22 行目）。

```
>>> df['発生年月日'] = pd.to_datetime(df['発生年月日'], format='%Y-%m-%d')
```

　DataFrame.dtypes 属性からデータ型を確認します。発生年月日が Pandas の日付型に変わったことがわかります。

```
>>> df.dtypes
発生年月日       datetime64[ns]                  # 日付型
震央地名・地震名   object
M            object
最大震度        object
津波          object
```

```
人的被害            object
物的被害            object
dtype: object
```

■ マグニチュード値を小数点数に変換

最後に、マグニチュード値を浮動小数点数に変換します。これには pandas.to_numerics() メソッドを使うだけです（23 行目）。要領は pandas.to_datetime() と同じです。

```
>>>  df['M'] = pd.to_numeric(df['M'])
```

確認します。

```
>>>  df.dtypes
発生年月日          datetime64[ns]
震央地名・地震名      object
M                 float64                          # 浮動小数点数型
最大震度            object
津波               object
人的被害            object
物的被害            object
dtype: object
```

型が整数（int64）になるか浮動小数点数（float64）になるかは、内部のデータによります。

■ 統計値の計算

マグニチュードの最大値と最小値を求めるため、M の列のデータを Python のリスト形式に直します。リストは 1 次元（Series）なので、対象となるのは 1 列あるいは 1 行です。メソッドは Series.to_list() です（24 行目）。

```
>>>  magnitude = df['M'].to_list()                 # リストに変換
>>>  type(magnitude)                               # 型確認
<class 'list'>
>>>  magnitude[:10]                                # 最初の10個
[4.9, 5.0, 5.4, 7.4, 6.6, 5.4, 5.9, 5.9, 6.8, 6.9]
```

これで、いつもの max() および min() メソッドから最大値と最小値が得られますが（28行目）、同じことは Series の同名のメソッドからもできます。

```
>>> df['M'].max()                                  # 最大値
9.0
>>> df['M'].min()                                  # 最小値
4.1
```

Series.describe() メソッドは基本的な統計値をすべて返してくれる優れものです。

```
>>> df['M'].describe()
count    176.000000                                # データ数
mean       5.946591                                # 平均値
std        0.837950                                # 標準偏差
min        4.100000                                # 最小値
25%        5.300000                                # 25%パーセンタイル
50%        5.900000                                # 50%パーセンタイル
75%        6.500000                                # 75%パーセンタイル
max        9.000000                                # 最大値
Name: M, dtype: float64
```

Pandas にほしい機能があればリストにする必要はありませんが、手慣れたリストで操作したいときに便利です（NumPy を使いたいなら、Series.to_numpy() もあります）。

■ generate_plot

前段の extract_tables() メソッドは、Pandas の DataFrame を返します（51行目）。あとは、この表データを generate_plot() メソッド（32〜45行目）に渡してグラフを作成するだけです。Matplotlib は Pandas の DataFrame、あるいは指定の1行や1列（Series）をそのまま受け付けます。

Matplotlib の要領は第3章と同じで、plt.subplots() から描画エリア（matplotlib.figure.Figure）とグラフ（matplotlib.axes.Axes）を作成し、描画するだけです。

第3章と異なるのは、複数のグラフを用意する点です。ここでは2つのグラフを並置するので、plt.subplots() の引数にグラフ配置を行列の数から指定します（33行目）。左右並べは行列で言えば1行2列です。そこで、行数1を nrows キーワード引数から、列数2を ncols キーワード引数から指定します。

画像サイズは、第3章では Figure.set_figwidth() で別途指定しましたが、ここでは figsize

キーワード引数から同時に指定します。横縦同時指定なので、タプルを使います。単位はインチ
で、デフォルトの DPI は 100 なので、(12.8, 4.8) は横 1280、縦 480 ピクセルです。

plt.subplots() の戻り値は描画エリアの Figure とグラフオブジェクトの Axes ですが、ここで
は 2 つのグラフエリアを生成しているので、後者は Axes のリストです（グラフは 2 行 2 列のよう
に 2 次元に配置もできるので、正確には NumPy の ndarray で表現される配列ですが、本書の範囲
では同じものとして差し支えないです）。

```
>>>    import matplotlib.pyplot as plt
>>>    fig, axes = plt.subplots(nrows=1, ncols=2, figsize=(12.8, 4.8))
>>>    len(axes)                                    # axesは2要素
2
```

それぞれのグラフには、リストのように [] からアクセスできます。axes[0] が左側、axes[1] が
右側です。

ここまで用意できれば、あとは第 3 章と同じ要領です。まずは左側の発生年月日とマグニチュ
ードのステムグラフです（35 〜 38 行目）。ステムグラフ用の Figure.stem() メソッドの第 1 引数
（X 軸）には df[' 発生年月日 '] で 1 列目の日付データを、第 2 引数には df[' M '] で 3 列目のマ
グニチュードデータをそれぞれ指定します。

```
>>>    axes[0].set_xlabel('Date')                    # 横軸ラベル設定
Text(0.5, 0, 'Date')

>>>    axes[0].set_ylabel('Magnitude')               # 縦軸ラベル設定
Text(0, 0.5, 'Magnitude')

>>>    axes[0].stem(df['発生年月日'], df['M'])         # ステムグラフ描画
<StemContainer object of 3 artists>
```

右側のヒストグラムでは、Figure.hist() メソッドを使います（41 〜 43 行目）。横軸がマグニ
チュード値、縦軸がその度数なので、指定するデータは 3 列目の df[' M ']) だけです。キーワー
ド引数の edgecolor はヒストグラムの長方形の枠の色指定です。HTML/CSS の色名が使えます。

難しいのはヒストグラムの棒の数の調整です。デフォルトでは入力データを 10 区間に分割しま
す。マグニチュードの最小値は 4.1、最大値は 9.0 なので、5.9 の幅の定義域が 0.59 の区間に分け
られます。最初の棒はしたがって、4.1 以上 4.69 未満というやや微妙な範囲にある値の数をカウ
ントしてプロットされます。次に見るように、結果は読みにくいグラフです。

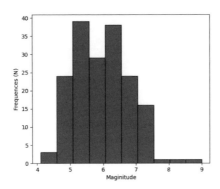

　そこで、値の範囲を指示します。最初の棒は4以上5未満、次は5以上6未満、のように整数単位にするのなら、「以上」の側の値のリストをbinsキーワード引数から渡します。この場合、[4, 5, 6, 7, 8, 9, 10] です。最後の10は「9以上10未満」の区間を示すためのものです。じか打ちせずとも、range()関数から用意できます。

```
>>> list(range(4, 11))
[4, 5, 6, 7, 8, 9, 10]
```

　最小値と最大値プラス2（range()は終端の値を含まないので余分に1を加える）の範囲を直に指定するのは拙いと感じるなら、次の手も使えます。

```
>>> import math
>>> list(range(math.floor(df['M'].min()), math.floor(df['M'].max())+2))
[4, 5, 6, 7, 8, 9, 10]
```

　これで準備完了です。

```
>>> axes[1].set_xlabel('Magnitude')                    # 横軸ラベル設定
Text(0.5, 0, 'Magnitude')

>>> axes[1].set_ylabel('Frequencies (N)')              # 縦軸ラベル設定
Text(0, 0.5, 'Frequencies (N)')

>>> axes[1].hist(df['M'], edgecolor='black', bins=list(range(4, 11)))
(array([18., 74., 60., 21.,  2.,  1.]), array([ 4,  5,  6,  7,  8,  9, 10]),
  <BarContainer object of 6 artists>)
```

あとは、生成した描画エリアの fig をメインに返し、fig.savefig() から保存するだけです（56 行目）。

■ CSV/Excel 形式での保存

メイン部分では、表の CSV および Excel 形式での保存もします（52、53 行目）。extract_tables() メソッドは Pandas の DataFrame オブジェクトを返すので（51 行目の df）、DataFrame.to_csv() および DataFrame.to_excel() メソッドから、引数にファイル名を指定して書き出すだけです。Excel についてはサポートしているフォーマットが xlsx なので、拡張子が .xlsx でなければなりません。

結果の Excel ファイルを Libre Office Calc から開いた様子を次に示します。0 からカウントする行番号が A 列に入り、1 行目には列見出しが入ります。

	A	B	C	D	E	F	G	H	I
1		発生年月日	央地名・地	M	最大震度	津波	人的被害	物的被害	
2	0	2022-11-09 00:00:00	茨城県南部	4.9	5強		負 1	なし 【令和 4 年11月16日現在】	
3	1	2022-06-20 00:00:00	石川県能登	5	5強		負 7	住家一部破損 62棟 【令和 4 年11月18日現在】	
4	2	2022-06-19 00:00:00	石川県能登	5.4	6弱		負 7	住家一部破損 62棟 【令和 4 年11月18日現在】	
5	3	2022-03-16 00:00:00	福島県沖	7.4	6強	20cm	死 4 負 2	住家全壊 217棟 住家半壊 4,556棟 住家一部破	
6	4	2022-01-22 00:00:00	日向灘	6.6	5強		負 13	住家一部破損 1棟 【令和 4 年1月24日現在】	
7	5	2021-12-03 00:00:00	紀伊水道	5.4	5弱		負 5	住家一部破損 2棟 【令和 3 年12月13日現在】	
8	6	2021-10-07 00:00:00	千葉県北西	5.9	5強		負 49	建物火災 1件など 【令和 3 年11月26日現在】	

CSV も格好は同じです。最初の 8 行を示します。

```
$ head -n 8 html_graph.csv
,発生年月日,震央地名・地震名,M,最大震度,津波,人的被害,物的被害
0,2022-11-09,茨城県南部,4.9,5強,,負 1,なし 【令和 4 年11月16日現在】
1,2022-06-20,石川県能登地方,5.0,5強,,負 7,住家一部破損 62棟 【令和 4 年11月18日現在】
2,2022-06-19,石川県能登地方,5.4,6弱,,負 7,住家一部破損 62棟 【令和 4 年11月18日現在】
3,2022-03-16,福島県沖,7.4,6強,20cm,死 4 負 247,"住家全壊 217棟 住家半壊 4,556棟 ...
4,2022-01-22,日向灘,6.6,5強,,負 13,住家一部破損 1棟 【令和 4 年1月24日現在】
5,2021-12-03,紀伊水道,5.4,5弱,,負 5,住家一部破損 2棟 【令和 3 年12月13日現在】
6,2021-10-07,千葉県北西部,5.9,5強,,負 49,建物火災 1件など 【令和 3 年11月26日現在】
```

特定の列だけ抽出して CSV にしたい、行番号は不要だから外したい、CSV のセパレータ記号（デフォルトはカンマ ,）を別の文字に変更したい（たとえばタブにして TSV とする）などなど、各種の調整については Pandas のリファレンスを参照してください。

CSV あるいは Excel フォーマットにしてしまえば、行列の削除や変換、グラフ描画が好みのスプレッドシートアプリケーションからできます。Pandas によるデータ整理、あるいは Matplotlib を使ったグラフ描画が面倒なら、そちらが早道です。Web スクレイピングの目的はネットから収集

したデータをわかりやすく提示することであってプログラミングの修行ではないので、簡単に済ま
せられる方法があればそれを使うのは賢い選択です。

HTMLページから
画像だけを
抜き出す

HTML | Pickle | 画像

データソース	カットシステム（出版社）
データタイプ	HTML 画像（image/*）
解析方法	HTML タグ解析
表現方法	Pickle（ダウンロードと保存のみ）
使用ライブラリ	Beautiful Soup、pickle、Pillow、Requests

7.1 目的

■ 画像オブジェクトの保存

　本章から第 10 章までは、HTML ページに埋め込まれた画像を一気にダウンロードし、まとめて提示する方法を示します。提示方法はアニメーション（第 8 章）とサムネール（第 9 章）の 2 種類です。第 10 章では、顔のある部分領域だけを抽出してサムネールで提示します。

　次に、本書の出版社であるカットシステムのトップページに掲載されていた 28 枚の画像から生成したアニメーション（左）、サムネール（中央）の画像を示します。アニメーションは紙面では動かないので、出版社のダウンロードサービスに置かれたスクリプトから生成するか、サンプルを参照してください。顔画像サムネール（右）は某雑誌サイトから取得したもので、ソースが判読できないように意図的にぼかしています。

　本章では、画像をまとめてダウンロードし、ローカルに保存するステップだけを実装します。以降の3つの章では、ローカルファイルからデータを読み込みます。大量の同じ画像を、処理のたびにHTTPを介してロードするのでは効率がよくないからです（実行環境にもよりますが、HTTP GETを単純に繰り返す本書の実装では、30枚の画像のダウンロードに30秒ほどかかります。並列化による高速化は付録A.5を参照してください）。

　保存するのは画像オブジェクトのリスト、つまりPythonの内部表現そのままのバイナリデータです。画像ファイルに落とさないのは、ファイルから再びオブジェクトを生成する手間を省くためです。すべての画像を1つのファイルにまとめて収容するので、ファイルのオープンとクローズの回数も減ります。半面、このバイナリデータは直接には表示できません。

■ ターゲット

　例題に用いるカットシステムのトップページは次のURLからアクセスできます。

```
https://www.cutt.co.jp/
```

　ページには新刊の表紙が並んでいるので、生成されるアニメーションやサムネールはそれらが主体です。上図の会社ロゴなどのアイコン類も画像なので、それらも含まれます。本書の出版社を使うのは、書籍表紙をここに再掲しても（同一出版社だから）問題が生じないというだけで、とくに本章の処理に適しているというわけではありません。画像を多用しているサイトなら、（おおむ

ね）どこでも結構です。

　ただし、JavaScript や CSS で画像がコントロールされるモダンなデザインのページではほとんど効果はありません。Beautiful Soup で <img> タグを抽出しているだけなので、それ以外の情報が引っ掛からないからです（付録 A.6 参照）。また、ボット対策を実施しているサイトには、スクリプトを変更しなければアクセスできないこともあります。ボット対策への対策は付録 A.1 を参照してください。

7.2 方法

■ 手順

　Web アクセスから画像オブジェクトの保存までの手順を次に示します。括弧に示したのは、そのステップで用いる Python の外部ライブラリです。オブジェクト保存の Pickle は標準ライブラリですが、本章でのメイントピックなので図に含めています。矢印脇は前のステップが出力し、次のステップに入力されるデータです。

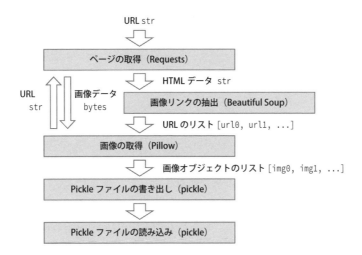

　これまでの章の上から順の流れと異なり、3 番目の画像の取得からページの取得に戻る矢印があるのは、メインページを取得するメソッドを画像取得に再利用しているからです。HTTP アクセスには、これまでと同様 Requests を使います。

　メインページを得たら、HTML 形式のメインページの画像タグ <img src="....."> からリンクを抽出します。HTML 解析には、第 4 章で利用した Beautiful Soup を使います。

画像データ取得も同じく Requests を使いますが、画像のバイナリデータは requests.Response.content 属性から得ます。そして、画像処理パッケージの Pillow の PIL.Image.open() メソッドでこのデータを開くことで、Pillow の PIL.Image オブジェクトに変換します。ただし、Pillow の open() メソッドは標準ライブラリのそれと同じくファイル指向なので、第 5 章同様、io.BytesIO() を介して開きます。画像は複数あるので、このステップが生成するのは画像オブジェクトのリストです。

画像オブジェクトのリストは、Pickle でファイルに落とします。オブジェクトをファイルに落とす操作は、ここでは「Pickle 化」と呼びます。Pickle ファイルを読み込めば、画像オブジェクトリストがあたかもその場で生成されたかのように利用できます。

■ ターゲットの画像リンクについて

HTML に埋め込まれた画像リンクは、必ずしも https://... で始まるスキームや権限元を含んだフルの URL ではありません。次に一部を示すように、サイト内のリンクなら相対指定を用いるのが一般的です。

```
/book/images/978-4-87783-789-1.png
/book/images/978-4-87783-800-3.png
 ⋮
toppage/cuttytle_top.png
toppage/icon_hajimeippo.png
 ⋮
```

このままでは、フルな URL を必要とする Requests ではアクセスできません。そこで、最初のページへのアクセス URL の https://www.cutt.co.jp を加えることで、https://www.cutt.co.jp/toppage/cuttytle_top.png のように直します。

メイン部分の https://www.cutt.co.jp を基底 URL といい、アクセスプロトコル（この例では https）を示すスキームと、アクセス先の所在を示す権限元で構成されています。権限元は、通常はドメイン名です（www.cutt.co.jp）。これに権限元内での所在を示すパスを加えた URL を絶対 URL と言います。参考までに、URL の構造を次に示します（他にもクエリ文字列やフラグメントなどの構成要素がありますが、本章では利用しないので割愛します）。

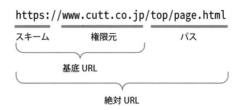

基底 URL と相対 URL を結合することで絶対 URL を生成するには、標準ライブラリ urllib.
parse モジュールの urljoin() メソッドを使います。

同じ URL が場所を変えて何回も張り付けられていることもあるので、重複も省きます。

■ ターゲットの画像フォーマットについて

Web では、いろいろなフォーマットの画像が使われます。一般的に用いられるのは JPEG や
PNG ですが、GIF や TIFF などもしばしば用いられます。本章で用いる画像処理パッケージの
Pillow は 40 種類のフォーマットに対応していますが、一部、メジャーなものであってもサポート
外のものもあります。たとえば、SVG（ベクター画像）はサポートされていません。

Pillow がサポートしている画像フォーマットは、Pillow ドキュメントの［Handbook］→
［Appendices］セクションの［Image File Formats］に記載されています。右側にそれぞれの画
像フォーマットの対応状況が示されます。読み込みできるなら Opening、書き出しできるなら
Saving の見出しがあり、そのセクション下に指定可能なキーワード引数の詳細が示されます。

https://pillow.readthedocs.io/en/stable/handbook/image-file-formats.html

本章では、Pillow 未対応の画像はスルーします。画像ファイル名の拡張子から対応／非対応は
確認できますが、ここでは PIL.Image.open() メソッドでとりあえず試み、例外が上がれば try-
except でそれを無視するという手を使います。

もっとも、この方法は未対応であってもとりあえずダウンロードするので、ネットワークの無駄

が生じます。ダウンロードに先立って、URL 末尾のファイル拡張子から対応可能かを調べた方がベターでしょう。確認方法は付録 A.8 に示したので、参考にしてください。

■ Pickle

Pickle は Python のオブジェクトをファイルに保存し、あとでその状態のまま利用するメカニズムです。マニュアルは「オブジェクトを直列化（シリアライズ）するバイナリプロトコル」と述べていますが、深く考えることはありません。保存には pickle.dump()、読み込みには pickle.load() を使うことだけ覚えておけば十分です。

オブジェクトは何でも「Pickle 化」して保存できます。requests.get() で得られた requests.Response をそのまま保存すれば、同じ URL にアクセスし直さなくても、同一のデータがローカルから取り込めます。Pandas で取り込んだ DataFrame オブジェクトを保存すれば、同じデータで異なるグラフをいくつも描くことができます。本章では、画像のバイナリデータ（requests.Response.content）から生成した画像オブジェクト（PIL.Image）のリストを Pickle 化することで、同じネットワークアクセスを繰り返さないようにします。

Pickle は、小ぶりのキュウリを酢漬けにした「ピクルス」の動詞です。万人が納得する訳語を誰も思いつかなかったとみえ、日本語でもアルファベットのまま表記されます（ピックルやピクルスとカナ表記にすることすらありません）。

簡単な例を示します。対象のオブジェクトは [1, 2, 3] というリストです。

まずはインポートし、オブジェクトを用意します。

```
>>> import pickle              # インポート
>>> a = [1, 2, 3]             # オブジェクトの準備
```

続いて、ファイルを書き込み用に開きます。データはバイナリなので、モードには wb（write-binary）を指定します。

```
>>> fp = open('lst.pickle', 'wb')
```

書き込みには pickle.dump() メソッドです。第 1 引数には書き込むオブジェクトを、第 2 引数には上記のファイルオブジェクトをそれぞれ指定します。書き込んだあとは、fp を close() で閉じます。

```
>>> pickle.dump(a, fp)         # pickle書き込み
>>> fp.close()                # ファイルオブジェクトを閉じる
```

　　ファイルの中身を確認します。バイナリなので、Unix の od（octal dump）から 16 進数表記で表示します。

```
$ od -t x1 lst.pickle
0000000 80 04 95 0b 00 00 00 00 00 00 00 5d 94 28 4b 01
0000020 4b 02 4b 03 65 2e
```

　　容易には判読できませんが、（0 からカウントして）15、17、19 バイト目の 01 02 03 がどうやらリストの要素のようです。

　　読み込み用の pickle.load() メソッドの第 1 引数には、ファイルオブジェクトを指定します。戻り値は中身のオブジェクトです。ファイルはバイナリなので、開くときはモードに rb（read-binary）を指定します。今度は with を使います。

```
>>> with open('lst.pickle', 'rb') as fp:
...     x = pickle.load(fp)
```

　　データ型もその中身ももとと同じことが確認できます。

```
>>> type(x)                              # データ型はリスト
<class 'list'>

>>> x                                    # 中身は同じ
[1, 2, 3]
```

■ Pillow/PIL

　　画像の処理には Pillow を使います。ホームページの URL を次に示します。

```
https://pillow.readthedocs.io/
```

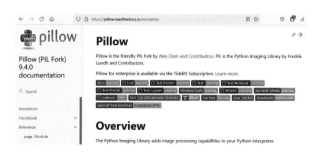

Pillow/PIL と名称を併記したのは、その昔、同機能のものが Python Image Library と呼ばれていたからです。その名残りで、Pillow をインポートするときは from PIL ... のように PIL を先頭に使います。

Pillow はいろいろなパッケージでも用いられています。たとえば、WordCloud や Matplotlib も内部で使用しています。画像のリサイズやフォーマット変換などシンプルな操作がシンプルに行えるのが強みですが、逆に細かいことは得手ではありません。そのため、数学的な処理なら NumPy、高度な画像処理なら OpenCV、グラフを描くなら Matplotlib というように、機能に応じた使い分けが必要になります。

Pillow にはいくつかのモジュールが用意されていますが、本書本文で用いるのは最も基本な PIL.Image モジュールだけです（付録では PIL.ImageColor と ImageOps も用います）。

ドキュメントを読めば基本はだいたい抑えられますし、ネットには各種の情報が散らばっていますので、独学も可能です。英語ドキュメントが得手ではない、あるいはまとまった情報がほしいなら、豊沢聡著『Python ＋ Pillow/PIL』, カットシステム（2022）があります。

■ セットアップ

本章で用いる Beautiful Soup、Pillow、Requests は外部パッケージなので PIP でインストールしなければなりませんが、ここまでの章ですでに導入済みのはずです。インポートエラーが発生するようなら、次の要領でインストールしてください。最新版がすでにインストールされていれば何もしないので、安全です。

```
pip install beautifulsoup4
pip install pillow
pip install requests
```

7.3 スクリプト

■ スクリプト

指定の URL のページから画像をすべてダウンロードし、Pickle 化したデータをローカルファイルに保存するスクリプトを次に示します。

img_pickle.py

```python
1  from io import BytesIO
2  import pickle
3  from random import randrange
4  from urllib.parse import urljoin
5  import sys
6  from bs4 import BeautifulSoup as bs
7  from PIL import Image
8  import requests
9
10
11 def get_page(url):
12     resp = requests.get(url, headers={'User-Agent': 'Me'})
13     if resp.status_code != 200:
14         return None
15
16     return resp
17
18
19 def extract_img_links(resp):
20     soup = bs(resp.text, 'html.parser')
21     img_tags = soup.find_all('img', src=True)
22     links = [img.get('src') for img in img_tags]
23     links = [urljoin(resp.url, u) for u in links]
24     links = list(set(links))
25
26     print(f'{len(links)} images found.', file=sys.stderr)
27     return links
28
29
30 def all_images(links):
31     imgs = []
32     for link in links:
33         resp = get_page(link)
```

```
34          try:
35              img = Image.open(BytesIO(resp.content))
36              img = img.convert('RGB')
37              imgs.append(img)
38              print(f'{link} loaded.', file=sys.stderr)
39          except:
40              print(f'Could not read {link}. Skipped.', file=sys.stderr)
41              continue
42
43      return imgs
44
45
46  def pickle_save(obj, filename):
47      with open(filename, 'wb') as fp:
48          pickle.dump(obj, fp)
49
50
51  def show_image(pickle_file):
52      with open(pickle_file, 'rb') as fp:
53          imgs = pickle.load(fp)
54
55      idx = randrange(len(imgs))
56      print(f'Index {idx}, Size: {imgs[idx].size}.', file=sys.stderr)
57      imgs[idx].show()
58
59
60
61  if __name__ == '__main__':
62      url = sys.argv[1]
63      resp = get_page(url)
64      links = extract_img_links(resp)
65      imgs = all_images(links)
66      pickle_save(imgs, 'img.pickle')
67      show_image('img.pickle')
```

■ 実行例

　コンソール／コマンドプロンプトから実行します。今回は仮想マシンではなく、ホストマシンからです（ここでは Windows）。スクリプトは最後に画像ウィンドウを 1 枚表示しますが、実行環境に物理的なディスプレイがないと奇妙な挙動を示すからです（たいていは致命的ではありません）。

```
C:\temp>python img_pickle.py https://www.cutt.co.jp/
28 images found.
https://www.cutt.co.jp/toppage/icon_hajimeippo.png loaded.
https://www.cutt.co.jp/book/images/978-4-87783-800-3.png loaded.
https://www.cutt.co.jp/book/images/978-4-87783-806-5.png loaded.
   ⋮
https://www.cutt.co.jp/book/images/978-4-87783-527-9.png loaded.
https://www.cutt.co.jp/book/images/978-4-87783-487-6.png loaded.
https://www.cutt.co.jp/book/images/978-4-87783-856-0.png loaded.
Index 24, Size: (130, 45).
```

　最初に指定の URL を読み込み、<img> タグを抽出します。同じ画像を参照しているものもあるので、重複は省きます。ここでは、重複を省いたあとのリンクは 28 個でした（最初の出力行）。

　その後、順に画像をロードします。逐次的（1 つが完了してから次に移る）に取得するので、並列的な取得のできるブラウザと比べると時間がかかります。並列アクセスの方法は付録 A.5 にまとめたので参考にしてください。

　画像オブジェクトを収容した Pickle データは、ファイル img.pickle として保存します（スクリプト 67 行目）。

　スクリプトは最後にランダムに画像を 1 枚表示します。ここでは 24 枚目の画像です（最後の出力行）。サイズは横 130、縦 45 ピクセルです。

　画像表示には、ホスト OS のデフォルト画像ビューワーが用いられます。Windows 10 なら「フォト」アプリです。筆者の環境では PNG への関連付けが変更されているので、サードパーティの Irfan View が上がっています。

　Pillow の画像表示はブロッキング型なので、画像を表示した時点でスクリプトが停止します。そのため、表示中はプロンプトに制御が戻りません。制御を戻し、スクリプトを正常に終了させるには、画像ビューワーを「×」で閉じます。

■ 概要

スクリプトの説明をします。スクリプトファイルは img_pickle.py です。

先頭で必要なパッケージをインポートします。HTTP アクセスの requests（8 行目）、HTML 解析の bs4（6 行目）はいつも通りです。画像処理の Pillow のパッケージ名は PIL で、そこから Image モジュールだけをインポートします（7 行目）。あと重要なのは 2 行目の pickle です。標準ライブラリの io.BytesIO はバイナリデータをファイルストリームに変換するのに（1 行目）、random モジュールの randrange はランダムに画像を選択するのに（3 行目）、urllib モジュールの parse.urljoin は基底 URL とパスを連結するのに（4 行目）それぞれ使います。

スクリプトには次の 5 つのメソッドを用意しました。

メソッド	使用ライブラリ	用途
get_page()	requests	指定の URL からターゲットページと画像をダウンロードする。
extract_img_links()	bs4、urllib	HTML テキストから <img> タグを抜き出し、絶対 URL のリストを生成する。
all_images()	PIL.Image	URL リストから画像オブジェクトリストを生成する。
pickle_save()	pickle	Pickle ファイルを書き出す。
show_image()	pickle、PIL.Image	Pickle ファイルを読み込み、1 枚ランダムに表示する。

メイン部分（61 行目〜）では、基本的には上記を記載順に用いますが、all_images() はさかのぼって get_page() を逐次呼び出します。

■ get_page

本章の get_page() メソッド（11 〜 16 行目）がこれまでと違うのは、HTTP ステータスコードが 200 以外のときに None を返すところです（14 行目）。数十枚の画像ダウンロードの途中で強制終了されてはこれまでの努力が無駄になるので、失敗したダウンロードはこの措置で無視します。

メソッドは URL 文字列を受けると、requests.Response オブジェクトを返します（16 行目）。ボディを収容した text あるいは content 属性値でないのは、前者を HTML ページの解析に、後者を画像バイナリの取得にと、どちらも使うからです。

サイトによっては、ブラウザ以外のアクセスを拒否するところもあります。拒否するか受け入れるかは、HTTP 要求ヘッダの User-Agent フィールドから判断するのが一般的です。そこで、headers キーワード引数からこのフィールドを設定します。このキーワード引数の値はヘッダフィ

ールド名をキーとした辞書型です。12 行目では値に「Me」を指定していますが、適当です。

　メインページにはアクセスできるものの、続く画像へのアクセスが拒否されることもあります。こちらも要求ヘッダに適切なフィールドを設定することで回避できますが、具体的にどのフィールドを使うべきかは、規定がないため一概には言えません。サイトのこうしたボット対策を迂回する方法は付録 A.1 にまとめたので参考にしてください。

■ 多リソースアクセス時の問題

　get_page() メソッドは、すべてがうまくいくことを前提に書かれています。しかし、いつも晴れの日ばかりではありません。

　DNS 名前解決ができない、SSL/TLS が成功裏に完了しないなど、宛先に TCP/IP 的にアクセスできないこともあります。こうしたときに上がってくる例外で強制終了されないようにするには、requests.get() を try-except でくくります。

```
try:
    resp = requests.get(url, headers={'User-Agent': 'Me'})
except:
    return None
```

　これで強制終了は回避できますが、ネットワーク関連の問題はタイムアウトまで時間がかかります。仮に 30 枚のダウンロードの半分がタイムアウトしたら、待ち時間だけで 10 分はあります。そんなには待てません。そうしたときは、requests.get() の timeout キーワード引数に短いタイムアウト時間を指定します。方法は付録 A.2 にまとめたので参考にしてください。

　あと、SSL/TLS の証明書関連の問題もありますが、証明書が怪しかったらアクセスしないのが普通です。どうしてもアクセスしたいのなら、方法は付録 A.3 にまとめたので参考にしてください。

■ extract_img_links

　extract_img_links() メソッド（19 〜 27 行目）は、入力された requests.Response オブジェクトの text 属性から <img> タグを抽出し、絶対 URL のリストを返します。

　所定のタグすべてを抜き出すには、BeautifulSoup オブジェクトの find_all() メソッドを使います。引数にはタグ名を文字列で指定します。ここでは <img> なので img です（21 行目）。タグをくくる <> は不要です。

```
>>> import requests
>>> url = 'https://www.cutt.co.jp/'
```

```
>>>  resp = requests.get(url)                    # HTMLページを読む

>>>  from bs4 import BeautifulSoup as bs
>>>  soup = bs(resp.text, 'html.parser')         # BeautifulSoupオブジェクト
>>>  img_tags = soup.find_all('img')             # img抽出
```

　引数には正規表現も使えれば、複数のタグを列挙したリストを指定することもできます。たとえば、<img> と <div> のどちらのタグも抽出するのなら、次のように指定します。

```
>>>  img_div_tags = soup.find_all(['img', 'div'])
```

　求めているのはタグの中に書き込まれている src 属性の値なので、src のないものは不要です。あとからフィルタリングもできますが、BeautifulSoup.find_all() 時点でないものは除外するよう、属性 =True オプションを加えることもできます。src 属性なら、次のように src=True です。

```
>>>  img_tags = soup.find_all('img', src=True)   # srcのあるimgだけ抽出
```

　メソッドの戻り値は、Beautiful Soup の bs4.element.Tag（以下 Tag）という HTML タグを表現するオブジェクトのリストです（正確にはリストではないですが、リスト同様に扱えます）。len() から抽出した数を調べます。

```
>>>  len(img_tags)                               # 30個ある
30
```

　Tag オブジェクトを文字列表現すれば、タグとそれに囲まれた文字列が得られます。リストの 0 番目の要素から確認します。

```
>>>  type(img_tags[0])                           # Tag型
<class 'bs4.element.Tag'>
>>>  str(img_tags[0])                            # タグの中身
'<img class="pic2nd" src="toppage/cuttytle_top.png"/>'
```

　Tag の属性、たとえば上記の class や src の値は、get() メソッドから引数に属性名を指定することで抽出できます。

```
>>>  img_tags[0].get('class')                          # class属性
['pic2nd']
>>>  img_tags[0].get('src')                            # src属性
'toppage/cuttytle_top.png'
```

class 属性がリストなのは、タグに複数のクラスを設定できるからです。これに対し、src 属性は 1 つだけなので単体の文字列です。

Tag のリストから、リスト内包表記を使って src 属性だけを抜き取ります（22 行目）。

```
>>>  links = [img.get('src') for img in img_tags]
>>>  links
['toppage/cuttytle_top.png', 'toppage/osirase.png', 'toppage/osirase.png', ...
 'toppage/shinano_banner.png', 'toppage/mirai.png']
```

■ 絶対 URL の取得

<img> タグの src 属性から得た URL のほとんどはスキームや権限元を持たないパスだけの相対 URL なので、要求 URL を基底として絶対 URL に変換します。ページ要求時の URL は requests. Response.url から得られます。

```
>>>  resp.url
'https://www.cutt.co.jp/'
```

基底 URL と相対 URL の連結には、標準ライブラリの urllib.parse.urljoin() を使います。第 1 引数には基底 URL を、第 2 引数には相対 URL を指定します。先ほど取得した links の第 0 要素と要求 URL を例に実行すると、次のようになります。

```
>>>  from urllib.parse import urljoin                  # インポート
>>>  urljoin(resp.url, links[0])                       # 連結
'https://www.cutt.co.jp/toppage/cuttytle_top.png'
```

相対 URL の先頭にスラッシュ / があってもなくても適切に動作する優れものです。また、相対 URL 側が絶対 URL なときは、第 1 引数は無視してくれるので、別サイトにリンクされている画像が含まれていても安全に対処できます。

```
>>>  urljoin('https://www.cutt.co.jp',
...  'https://amueller.github.io/word_cloud/_images/a_new_hope.png')
'https://amueller.github.io/word_cloud/_images/a_new_hope.png'
```

相対 URL リストの links をリスト内包表記で処理すれば、絶対 URL リストが得られます（23 行目）。

```
>>>  links = [urljoin(resp.url, u) for u in links]
>>>  links
['https://www.cutt.co.jp/toppage/cuttytle_top.png',
 'https://www.cutt.co.jp/toppage/osirase.png', ...
 'https://www.cutt.co.jp/toppage/mirai.png']
```

基底 URL は HTML の <base> タグからも得られますが、ない場合もあるので常に依存することはできません。次の実行例で示すように、今回のターゲットにはありません。

```
>>>  soup.find_all('base')                      # []なので<base>はない
[]
```

■ all_images

all_images() メソッド（30 〜 43 行目）は絶対 URL のリストを入力に受け、画像オブジェクトのリストを返します。

画像の取得には get_page() メソッドを使います。画像なので、戻り値の requests.Response（コードの変数は resp）からバイナリフォーマット（bytes）の content 属性を取り出します。前記の links の第 0 要素から試します。

```
>>>  resp = requests.get(links[0])              # HTTPアクセス
>>>  resp.status_code                           # ステータスコードを確認
200
>>>  resp.content[:20]                          # 先頭20バイトを確認
b'\x89PNG\r\n\x1a\n\x00\x00\x00\rIHDR\x00\x00\x02\x18'
```

bytes なので、表示する（文字列表現にする）と先頭に b が示されます。バイト列をみると「0x89 P N G」とあるので、これが PNG フォーマットの画像データなことがわかります。

画像データかは requests.Response.headers に収容されている Content-Type ヘッダフィールドからも確認できます。

```
>>>  resp.headers['Content-Type']                # 画像タイプのPNG
'image/png'
```

画像をオープンするには、Pillow の PIL.Image.open() メソッドを使います。引数にファイルを指定すると、メソッドはファイルを読み、Pillow の画像オブジェクト（PIL.Image）を返します。ファイル cherry.jpg から用例を示します。

```
>>>  from PIL import Image                        # インポート
>>>  img = Image.open('cherry.jpg')
```

しかし、メソッドはファイル文字列やファイルオブジェクトを受け付けても、バイト列は受け付けません。そこで、io.BytesIO を介してファイル風に変換します。この方法は第 5 章の Zip データときにも使いました。

```
>>>  from io import BytesIO                       # io.BytesIOのインポート
>>>  img = Image.open(BytesIO(resp.content))      # 開く
```

バイト列からではファイル名やその拡張子などフォーマット判定のヒントになる情報が存在しませんが、メソッドはもともと外部の情報に依存せず、データ列そのものから画像フォーマットを自動判定します。したがって、どんなデータ列であれ、サポートされている画像データなら問題なく開けます。サポート外あるいは認識できないバイト列のときは例外を上げますが、それはメソッドの周りを囲っている try-except（34、39 行目）が優しく無視してくれます。

get_page() は、ステータスコードが 200 ではないときは None を返します。そのとき、35 行目は BytesIO(None.content) となり、None に属性はないので例外が上がります。これも上記の try-except でトラップされます。

■ 画像オブジェクトの属性とメソッド

PIL.Image オブジェクト（img）には各種の属性およびメソッドが用意されています。img 属性のまとめは、オブジェクトを str() にかければ得られます。

```
>>> str(img)
'<PIL.PngImagePlugin.PngImageFile image mode=RGBA size=536x116 at 0x7F736792D820>'
```

画像サイズ（上記の size=536x116）だけを知りたいのなら PIL.Image.size 属性を使えばタプルが得られます。横だけ、あるいは縦だけならそれぞれ width、height です。画像モード（mode=RGBA）を知るには mode です（後述）。

```
>>> img.size                          # (横，縦)のタプル
(536, 116)
>>> img.width                         # 横ピクセル数
536
>>> img.height                        # 縦ピクセル数
116
>>> img.mode                          # モード（RGB透過画像）
'RGBA'
```

メソッドは非常に多くありますが、もっともベーシックなところで、保存は PIL.Image.save() です。ファイル名を指定すれば、拡張子からそのフォーマットに変換して保存します。たとえば、次のように指定することで TIFF 画像として保存できます。

```
>>> img.save('file.tiff')
```

表示なら PIL.Image.show() メソッドです。引数はありません。

```
>>> img.show()
```

物理的なディスプレイのない仮想環境で実行すると、画像ビューワーのウィンドウが開けずに奇妙な動作をすることについては先に述べた通りです。また、このメソッドはブロッキングなので、ビューワーが閉じられるまではその場で処理が停止します。

■ 画像変換

35 行目で得た画像オブジェクトをここで RGB モードに変換します（36 行目）。

モードは Pillow の用語で、画像のデータ構成を示すものです。RGB モードは、カラー画像を赤と緑と青の 3 原色で構成し、それぞれを 8 ビット整数（0 ～ 255）の値で示します。たとえば、(0, 255, 0) は赤と青が 0 で緑が 255 なので、純粋な緑です。これと同じ並びであっても、HSV モードは値を順に色相、彩度、明度と解釈します。色相 0 は赤（色相は赤から始まり黄→緑→青→紫のように虹と同じ並びです）で、彩度 255 は最大限に鮮やかな色を意味しますが、明度が 0 なのでまっくら、つまり黒になります。GIF などの画像では、値は画像ごとに異なる色彩番号（パレット番号）を示すので、値を色などの強度と解釈すると、突拍子もないトーンの画像になります。

モードが異なる画像間では、値の解釈が異なるので、ペーストや合成などの画像処理が適切に行えないこともあります。そこで、ここではもとのモードが何であろうと、先にすべてを RGB に統一します。透過画像（RGB の透過画像版のモード名は RGBA）では、透過情報を切り捨てます。

画像形式の変換には、PIL.Image.convert() メソッドを使います。引数には変換先の画像モードを指定します。

試します。先に得られた img は RGBA モードでしたが、引数に RGB を指定したので、透過情報が削除されて RGB になります。

```
>>>  img_rgb = img.convert('RGB')
>>>  str(img_rgb)
'<PIL.Image.Image image mode=RGB size=536x116 at 0x7F7365BF1370>'
```

モードによっては変換時に警告が出ますが、実行上は問題はありません。

あとは、ダウンロード→画像オブジェクト化→ RGB 変換の操作を links すべての URL について行えば、画像オブジェクトのリストが得られます（31 行目と 37 行目）。

画像モードの詳細は、Pillow ドキュメントの ［Handbook］→［Concepts］→［Modes］に掲載されているので、参照してください。

■ pickle_save

画像オブジェクトのリストは、そのまま Pickle 化します。いたって簡単で、まず組み込みメソッドの open() で保存ファイルを開きます（47 行目）。ファイル名はメイン部分でハードコーディングしています（66 行目）。データがバイナリで書き込み用なので、フラグには wb（write-binary）を指定します。

```
>>>    filename = 'img.pickle'                          # ハードコーディング
>>>    with open(filename, 'wb') as fp:
>>>    ...
```

　あとは、第 1 引数に書き込むオブジェクト、第 2 引数に得られたファイルオブジェクト fp を指定した、pickle.dump() メソッドを呼び出すだけです（48 行目）。

```
>>>    ...         pickle.dump(obj, fp)
```

■ show_image

　保存した Pickle ファイルを開き、中のオブジェクトを読み出し、そこから 1 枚ランダムに画像を選んで表示します。このメソッドは Pickle ファイルを読み込む方法を示すために用意したもので、本章では実質的な意味はありません。

　Pickle ファイルの読み込みには pickle.load() を使います（53 行目）。ファイルは、rb（read-binary）モードを指定した open() で事前に開いておきます（52 行目）。ファイル名は 67 行目でハードコードしています。

　画像オブジェクトを表示するには PIL.Image.show() です（57 行目）。引数はありません。何度か述べたように、ディスプレイのない環境では奇妙な動作をしますが、たいていは別条ありません。いくつかある画像のうち、ここでは random.randrange() を使ってランダムに 1 枚だけ表示しています。

HTMLページの画像から
アニメーションを
生成する

8

Pickle 画像

データソース	カットシステム（出版社）
データタイプ	HTML 画像（image/*）
解析方法	画像処理
表現方法	アニメーション画像
使用ライブラリ	pickle、Pillow

8.1 目的

■ アニメーション画像

　第7章で生成した画像オブジェクトリストの Pickle から、アニメーション画像を生成します。第7章冒頭で示したサンプルを次に示します。

　アニメーション画像は1枚のファイルに複数の画像（フレーム）を収容したものです。画像ビ

ューワーがアニメーションに対応していれば、パラパラ漫画風にフレームが切り替え表示されます。定番はGIFですが、PNGやWebPにもアニメーションモードがあります。本章ではWebPで作成します。

■ ターゲット

例題に用いるカットシステムのトップページは第7章で示した通りです。Pickle化したページ上の画像データは、ファイルimg.pickleに収容されているとします。

8.2 方法

■ 手順

Pickleファイルの読み込みからアニメーション画像生成までの手順を次に示します。括弧に示したのは、そのステップで用いるPythonの外部ライブラリです。矢印脇は前のステップが出力し、次のステップに入力されるデータです。

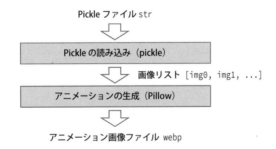

データはダウンロード済みなので、PickleからPIL.Imageオブジェクトのリストを読み、それらを処理するだけのシンプルな構成です。

■ アニメーション画像フォーマットについて

Pillowがサポートしているアニメーション画像フォーマットはGIF、PNG、TIFF、WebPの4タイプです。最近のブラウザならいずれにも対応しているので、どれを利用しても閲覧には差し支えありません。ファイル名の拡張子を変更するだけで自動的にそのフォーマットで保存されるので、スクリプティングの手間も変わりません。

　画像ビューワーには対応フォーマットが限られているものがあります。どれにでも通用させたいのなら、登場して 30 余年の安定した GIF を選択します。ただし、GIF は色数が 256 までと限られているため、自然画には向きません。もっとも、瞬時に絵が切り替わるアニメーションでは、画質劣化が気になることはないでしょう。

　おなじみ PNG のアニメーション拡張は APNG（Animation PNG）と呼ばれます。導入されたのが比較的近年（2008 年）なのと、今も公式には PNG 仕様の一部でないこともあって、未対応のビューワーもあります。未対応の場合、後方互換により先頭フレームだけは表示されますが、そこで止まったままです。アニメーション PNG にはファイルサイズが大きくなりがちという問題もあります。APNG が最小という報告も散見されますが、ファイルサイズはパラメータおよび中身で大きく変わるので、一概には言えません。少なくとも、本章の例題をすべてデフォルトのままで保存したときには、次の例に示すように大きくなります。

画像フォーマット	サイズ（バイト）
GIF	1,819,363
PNG	4,869,671
TIFF	26,123,328
WebP	1,091,454

　サイズで言えば TIFF が最大です。TIFF には自動再生機能がないため、マウスあるいはキーボード操作でフレーム送りをします（マルチイメージと呼ばれています）。

　まだ浸透しているとは言えないものの、画質やサイズを考えると、最近登場した WebP がよいでしょう（2010 年リリース）。

■ Pillow の画像保存パラメータ

　Pillow で画像オブジェクト PIL.Image を保存するには、save() メソッドを使います。シンプルな用法ではファイル名を指定するだけですが（画像フォーマットは拡張子から決定されます）、キーワード引数から品質などの調整もできます。

　利用可能なキーワード引数は、画像フォーマットで異なります。たとえば、JPEG では quality から圧縮率（0 ～ 100 の値）を指定することで、高品質だがファイルサイズが大きい、あるいは低品質だがファイルは小さいのように、画質とサイズのバランスを取ることができます。たとえば、img.save('test.jpg', quality=90) です。

　変更可能なパラメータにはデフォルト値が用意されているので（JPEG の quality なら 75）、普段使いでは気にする必要はありません。詳細は、Pillow ドキュメントの［Handbook］→［Appendices］→［Image File Formats］に画像フォーマット別に、［Saving］の箇所に記載されて

います。

どの画像フォーマットでもデフォルトの保存動作は静止画なので、アニメーション生成にはキーワード引数をいくつか指定しなければなりません。アニメーション関連のキーワード引数は4つの画像フォーマットで基本部分は共通していますが、一部フォーマット依存のものもあります。ドキュメントのPNGの箇所を次に示します。

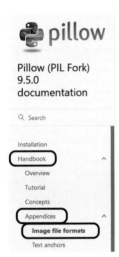

Saving

When calling `save()`, by default only a single frame PNG file will be saved. To save an APNG file (including a single frame APNG), the `save_all` parameter must be set to `True`. The following parameters can also be set:

default_image

Boolean value, specifying whether or not the base image is a default image. If `True`, the base image will be used as the default image, and the first image from the `append_images` sequence will be the first APNG animation frame. If `False`, the base image will be used as the first APNG animation frame. Defaults to `False`.

append_images

A list or tuple of images to append as additional frames. Each of the images in the list can be single or multiframe images. The size of each frame should match the size of the base image. Also note that if a frame's mode does not match that of the base image, the frame will be converted to the base image mode.

loop

Integer number of times to loop this APNG, 0 indicates infinite looping. Defaults to 0.

duration

Integer (or list or tuple of integers) length of time to display this APNG frame (in milliseconds). Defaults to 0.

■ セットアップ

本章で使用する外部ライブラリは Pillow だけで、すでに導入済みです。まだの場合は、次の要領でインストールしてください。

```
pip install pillow
```

8.3 スクリプト

■ スクリプト

指定の Pickle ファイルから画像オブジェクトリストを読み込み、アニメーション画像を生成するスクリプトを次に示します。

img_animation.py

```python
import pickle
import statistics
import sys
from PIL import Image


def get_mean(imgs):
    width = int(statistics.mean([img.width for img in imgs]))
    height = int(statistics.mean([img.height for img in imgs]))
    return (width, height)


def image_animation(imgs):
    size = get_mean(imgs)
    print(f'Image size: {size}', file=sys.stderr)
    [img.thumbnail(size) for img in imgs]

    animation = []
    for img in imgs:
        canvas = Image.new('RGB', size, 'white')
        x = (canvas.width - img.width) // 2
        y = (canvas.height - img.height) // 2
        canvas.paste(img, (x, y))
        animation.append(canvas)

    return animation


if __name__ == '__main__':
    pickle_file = sys.argv[1]
    with open(pickle_file, 'rb') as fp:
        imgs = pickle.load(fp)
```

8

```
34          print(f'{len(imgs)} images read.', file=sys.stderr)
35
36      animation = image_animation(imgs)
37      animation[0].save('img_animation.webp', save_all=True,
38                  append_images=animation[1:], duration=1000)
```

■ 実行例

コンソール／コマンドプロンプトから実行します。引数に指定するのは画像オブジェクトリストを収容した Pickle ファイルです。

```
$ img_animation.py img.pickle
28 images read.
Image size: (492, 632)
```

28 枚の画像から生成されたアニメーション画像のサイズは、ここでは 492 × 632 ピクセルです。ファイルは img_animation.webp としてカレントディレクトリに保存されます（スクリプトの37、38 行目）。

8.4 スクリプトの説明

■ 概要

スクリプトの説明をします。スクリプトファイルは img_animation.py です。

先頭で PIL.Image、pickle をインポートします。2 行目の statistics は統計処理用の標準ライブラリで、本章では画像の平均サイズを計算するためだけに利用します。

メソッドは次の 2 つだけです。

メソッド	使用ライブラリ	用途
get_mean()	statistics	画像オブジェクトリストから平均サイズを求める。
image_animation()	PIL.Image	アニメーション画像を生成する。

メイン部分（30 行目〜）では Pickle の読み込み（31 〜 34 行目）、image_animation() メソッドによるアニメーション WebP 画像の生成（36 行目）、ファイルへの保存（37、38 行目）を行います。

■ image_animation

　image_animation() メソッド（13 〜 26 行目）はもとになる画像リストを受け、アニメーション画像で使えるようにそれらのサイズをすべて揃えます。ばらばらなサイズでもアニメーションは作成できますが、続くフレームが前のものより小さいと、前のフレームが消されずに背景に残ります。次に示すのは、大、中、小の順に表示をするアニメーション画像の 3 フレーム目のときのキャプチャです（画像は Pixabay より）。前の大きい画像がそのまま残っていることがわかります。

　そこで、全フレーム共通サイズの真っ白なキャンバス画像を用意し、その中央に画像を張り付けます。共通サイズは、全画像の平均としました。これを計算しているのが、get_mean() メソッド（7 〜 10 行目）です。

　キャンバスからはみ出る画像は縮小し、収まるものはそのままのサイズとします。縦はキャンバス以上だが横は未満など、縦横のどちらかを縮小しなければ収まらない場合は、短い方も長い方と同じ比率で縮小します。要するに、アスペクト比を保存したままキャンバスに収まる最大のサイズに縮小します。

　この操作には、Pillow の PIL.Image.thumbnail() メソッドを使います（16 行目）。名称に「サムネイル」とあるので小型化専用に思えますが、サイズに無関係に動作します。引数には画像を収める枠のサイズをタプル（横、縦の順）で指定します。メソッドはインプレイスで画像を置き換えるので、画像オブジェクトに適用するとその画像の中身が置き変わります。

　次の例では、もともと (1920, 1280) な画像 img を (1200, 1200) で縮小します。

```
>>> from PIL import Image              # Imageモジュールをインポート
>>> img = Image.open('cherry.jpg')     # サンプル画像を開く
>>> img.size                           # サイズ確認
(1920, 1280)
>>> img.width / img.height             # アスペクト比
1.5
```

```
>>>   img.thumbnail((1200, 1200))              # アスペクト比保存縮小
>>>   img.size
(1200, 800)                                    # 縮小後のサイズ
>>>   img.width / img.height                   # アスペクト比
1.5
```

　もと画像は横に長いので、こちらを 1200 に合わせます。縦もこれと同じ比率（0.625 倍）で縮小すると、800 になります。これでアスペクト比は縮小前後でどちらも 1.5 となります。

■ キャンバスの生成

　真っ白いキャンバス画像は、PIL.Image.new() クラスメソッドで作成します（20 行目）。第 1 引数に画像モードを、第 2 引数にタプルでのサイズを、第 3 引数に背景色を指定します。入力画像のモードは RGB にしているので（第 7 章）、キャンバスにも RGB モードを指定します。背景色は決め打ちで白（white）にしています。次にメソッドの用例を示します。

```
>>>   from PIL import Image
>>>   new_img1 = Image.new('RGB', (100, 100), 'gray')
>>>   new_img2 = Image.new('RGB', (200, 100), (255, 0, 0))
```

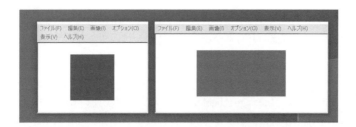

　前者は 100 × 100 の正方形をグレーで、後者は 200 × 100 の横長の長方形を赤でそれぞれ塗りつぶした画像です（周囲はビューワーの背景で画像の一部ではありません）。色指定は HTML/CSS の色名でも、RGB 値のタプルでも、HTML の # で始まる連結された RGB の 16 進数値のいずれでも構いません。

　キャンバスの中央には次で画像を張り付けるので、ループ内で毎回新たに生成します。

■ 貼り付け

画像の貼り付け位置（21、22行目）はその画像左上のキャンバス内での座標位置で、キャンバスサイズから画像のサイズを引いて2で割れば得られます。画像座標は整数でなければならないので、除算に整数除算演算子の // を使うところがポイントです。この演算子は int() と等価です。

```
>>> 10 // 3                              # 整数除算
3
>>> int(10 / 3)                          # 除算後にint
3
```

貼り付けには、PIL.Image.paste() メソッドを使います（23行目）。インスタンスメソッドなので、メソッドは張り付けられる土台側の画像オブジェクトに作用させます。第1引数には張り付ける画像を、第2引数には左上座標値をタプルで指定します。

次の例では、先に作成した赤い画像 new_img2 の上に、灰色の new_img1 を貼り付けます。new_img1 の左上角は new_img2 上の (50, 0) とします。これで、赤、灰色、赤の縞模様ができます。

```
>>> new_img2.paste(new_img1, (50, 0))
```

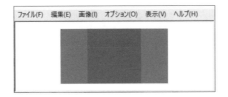

■ アニメーション保存

画像保存のメソッド PIL.Image.save() の第1引数には保存ファイル名を指定します。画像ファイルフォーマットは拡張子から判定されるので、.webp にすれば WebP として、.gif にすれば GIF として保存されます。

save() メソッドを作用させる画像オブジェクトは、アニメーションであっても単体の画像でなければなりません。これが先頭フレームとして扱われます。ここでは、画像がリストに収容されているので、先頭は [0] から参照します（37行目先頭）。

これに加え、アニメーション画像では次に示すパラメータ引数が必要です。これらは4つのアニメーション画像フォーマットで共通です。

キーワード引数	意味	例
append_images	アニメーション画像の 2 フレーム以降の画像オブジェクトをリストで指定。	append_images=imgs
duration	フレーム間に挿入される待ち時間。単位はミリ秒。	duration=1000 （待ち時間は 1 秒）
loop	フレームを末尾まで提示したときに先頭に戻る回数。デフォルトはループはなし（値は 0）。	duration=2 （2 回繰り返して終わり）
save_all	リストで与えられたフレームをすべて保存するかを真偽値で指定。デフォルトは False。	save_all=True

append_images キーワード引数に指定するのは「2 フレーム目以降」の画像オブジェクトのリストなので、38 行目では、リスト animation の第 1 要素以降をスライス [1:] から示しています。

append_images を指定しても、デフォルトでは先頭フレームしか保存されません。2 フレーム以降も append_images に従って保存させるには、save_all で True を指定します（デフォルトは False）。

duration はミリ秒単位のフレーム間隔、loop は繰り返し再生の回数ですが、サポートしていない画像ビューワーもあります。たとえば、loop を無視するビューワーは、永遠に繰り返し再生するか、1 回だけで終わるでしょう（動作はビューワー次第）。自動再生機能のもともとない TIFF ではどちらも無視されます。

HTMLページの画像から
サムネールを
生成する

| Pickle | 画像 |

データソース	カットシステム（出版社）
データタイプ	HTML 画像（image/*）
解析方法	画像処理
表現方法	サムネール画像
使用ライブラリ	pickle、Pillow

9.1　目的

■ サムネール画像

　第 7 章で保存した画像オブジェクトの Pickle から、サムネール画像を生成します。第 7 章冒頭で示したサンプルを次に示します。

　サムネール画像は、縮小した見本画像を並べた画像です。親指の爪（thumb の nail）サイズだから、サムネールです。ネガフィルム（銀塩）写真の時代にはべた焼き、あるいはコンタクトシートとも呼ばれました。デジタルでは、すべてを収容するスペースを持つプレーンな「台紙」画像に、縮小画像を格子状に張り付けることで作成します。

　利点は高い一覧性です。欠点は、小さくし過ぎると画像を認識できなくなることです。では大きくすればよいかというと、それに伴って台紙も大きくなるので、数が多いとディスプレイに収まらなくなり、逆に一覧性が低下します。

■ ターゲット

　例題に用いるカットシステムのトップページは第 7 章で示した通りです。また、Pickle 化したページ上の画像データは、ファイル img.pickle に収容されているとします。

9.2 方法

■ 手順

　Pickle ファイルの読み込みからサムネール画像生成までの手順を次に示します。括弧に示したのは、そのステップで用いる Python の外部ライブラリです。矢印脇は前のステップが出力し、次のステップに入力されるデータです。

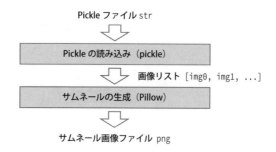

　第 8 章同様、データはすでにローカルにあるという前提なので、Pickle から読んで処理をするだけのシンプルなものです。

■ 台紙画像の構成

　サムネールでは台紙を格子状のスペース（セル）に分け、縮小画像をそれぞれ収容します。セルは縦横に並ぶので、画像の総数から縦横のセル数を計算しなければなりません。たとえば、20 枚の画像があるとして 5 × 4、あるいは 4 × 5 に並べると決めます。

　ここでは、計算が簡単なので、画像 N 枚の平方根からで辺の長さを決定します。平方根計算で小数点数以下の値が出たら、切り捨てます。こちらが短辺です。N = 20 なら、平方根が 4.47 なので、4 です。長辺は N を短い方の数で割って、切り上げます。この方法では、台紙は正方形か横に少しだけ長い形になります。台紙のレイアウトを次に示します。セル中の数値は画像のインデックス番号です。

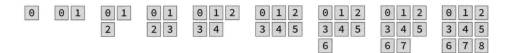

　台紙サイズは、縮小画像の横縦サイズにこの格子の数を掛けたものです。画像間のギャップは設けません。

　縮小後の画像のサイズは、ここでは固定値 (100, 100) とします。たとえば、8 枚の画像があるときは上図の 3 × 3 のパターンでレイアウトされるので、台紙（サムネール画像）のサイズは 300 × 300 になります。

　アスペクト比を保存しながら、枠内より大きければ縮小、そうでなければそのままを維持するリサイズには第 8 章と同じく PIL.Image.thumbnail() を用います。セル（100 × 100）のエリアに縮小画像を張り付けるときの左上の座標の取得方法（格子サイズから縮小画像のサイズを引いて 2 で整数除算する）も同じです。貼り付けメソッドも PIL.Image.paste() です。

　第 6 章で示した Matplotlib の複数グラフ機能でも、画像の格子状レイアウトは構成できます。要領は付録 A.11 に示しました。

■ セットアップ

　本章で使用する外部ライブラリは Pillow だけで、すでに導入済みです。まだの場合は、次の要領でインストールしてください。

```
pip install pillow
```

9.3 スクリプト

■ スクリプト

指定の Pickle ファイルから画像オブジェクトリストを読み込み、サムネール画像を生成するスクリプトを次に示します。

img_thumbnail.py

```python
import math
import pickle
import sys
from PIL import Image


def get_dimension(n):
    n_height = math.floor(math.sqrt(n))
    n_width = math.ceil(n / n_height)
    return (n_width, n_height)


def image_thumbnail(imgs, size, bgcolor):
    n_width, n_height = get_dimension(len(imgs))
    canvas_size = (n_width * size[0], n_height * size[1])
    canvas = Image.new('RGB', canvas_size, bgcolor)
    print(f'Sheet: {n_width}x{n_height}, {canvas_size} pixels.', file=sys.stderr)

    for idx, img in enumerate(imgs):
        img.thumbnail(size)
        x = (idx % n_width) * size[0]
        y = (idx // n_width) * size[1]
        dx = (size[0] - img.width) // 2
        dy = (size[1] - img.height) // 2
        canvas.paste(img, (x+dx, y+dy))

    return canvas




if __name__ == '__main__':
    pickle_file = sys.argv[1]
    with open(pickle_file, 'rb') as fp:
```

```
34          imgs = pickle.load(fp)
35          print(f'{len(imgs)} images read.', file=sys.stderr)
36
37      canvas = image_thumbnail(imgs, size=(100, 100), bgcolor='white')
38      canvas.save('img_thumbnail.png')
```

■ 実行例

コンソール／コマンドプロンプトから実行します。引数に指定するのは画像オブジェクトリストを収容した Pickle ファイルです。

```
$ img_thumbnail.py img.pickle
28 images read.
Sheet: 6x5, (600, 500) pixels.
```

画像は 28 枚あるので、台紙の格子サイズは 6 × 5 です。30 枚収容のスペースですが、最後の 2 つ（下段右から 2 つぶん）は空欄です。セルサイズは 100 × 100 なので、画像サイズは 600 × 500 です。サムネール画像は img_thumbnail.png としてカレントディレクトリに保存されます（38 行目）。

9.4 スクリプトの説明

■ 概要

スクリプトの説明をします。スクリプトファイルは img_thumbnail.py です。

先頭で PIL.Image と pickle をインポートするのは前章と同じです（2、4 行目）。標準ライブラリの math は、平方根の計算と小数点数の切り上げ切り捨てに使います（1 行目）。

メソッドは次の 2 つです。

メソッド	使用ライブラリ	用途
get_dimension()	math	画像数から台紙の格子数を決定する。
image_thumbnail()	PIL.Image	サムネール画像を生成する。

メイン部分（31 行目〜）では Pickle の読み込み（33 〜 35 行目）、image_thumbnail() によるサムネール画像の生成（37 行目）、ファイルへの保存（38 行目）を行います。

■ image_thumbnail

まず、先に示した要領で台紙のレイアウトを定めます。次の図に画像数が 10 〜 12 枚のときの構成を示します。

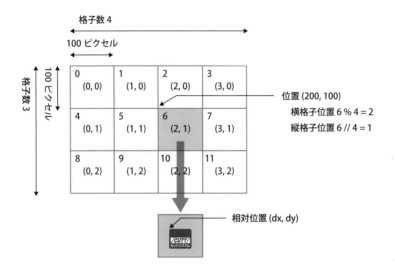

格子の縦横の数を得るには、get_dimensions() メソッド（7 〜 10 行目）を用います（呼び出しは 14 行目）。引数は画像の枚数です。枚数の平方根の切り下げが縦の、枚数÷縦の数の切り上げが横のセル数です。戻り値はタプルで示します。たとえば、11 が入力されれば、上図のように (4, 3) が得られます。格子数が得られたら、台紙のピクセルサイズをセルのサイズ（呼び出しもとの 37 行目で 100 × 100 でハードコーディング）から計算します（15 行目）。

続いて、第 8 章同様、PIL.Image.new() から台紙画像を生成します（16 行目）。今回は、メソッドのキーワード引数 bgcolor から背景色を選べるようにしています（呼び出しもとで白を指定）。

あとは、順次台紙画像に画像を張り付けていくだけです。idx 番目（図中枠内の左上の数値）の縮小画像の横位置は、インデックスと横の格子数のモジュロから計算できます。6 番目なら 6 % 4 = 2 です。ピクセル位置はそのセルサイズ倍なので 200 です（21 行目）。縦位置は 6 // 4 = 1 なので、ピクセル値にして 100 の位置です（22 行目）。縮小画像の左上角の格子内の相対位置の計算は第 8 章と同じです（23、24 行目）。貼り付け操作は PIL.Image.paste() です。

格子位置計算のための idx を得るために、for で enumerate() を使っているところがポイントです（19 行目）。インデックスカウンターを操作しなくてよいので、ループが簡潔に書けます。

HTML ページの画像から顔を抽出する

Pickle 顔画像

データソース	人物写真の多いページ
データタイプ	HTML 画像 （image/*）
解析方法	画像処理 （顔領域抽出）
表現方法	サムネール画像
使用ライブラリ	NumPy、OpenCV、pickle、Pillow

10.1 目的

■ 顔サムネール

　画像から、ヒトの顔のある部分領域だけを切り出し、それらのサムネール画像を生成します。1枚の画像に複数の顔があれば、すべて個別に切り出します。第 7 章冒頭に示したサンプル（難読化処置済み）を次に示します。

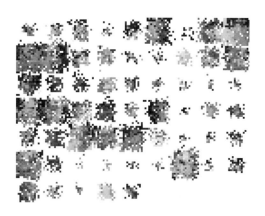

■ ターゲット

ここまで利用してきた出版社トップページの画像集には顔は含まれていません。img_pickle.py（第 7 章）で、顔画像が多いサイトから新たに Pickle ファイルを生成してください。ニュースサイトなどがよいでしょう。

img_pickle.py は、メインページへのアクセスを拒否されると例外を上げて終了します（bs4 にNone が入力されるから）。サーバのボット対策によるものなので、その場合は、別のサイトを試してください。そのサイトをぜひとも試したいのなら、ボット対策への対処法を付録 A.1 にまとめたので、参考にしてください。

マウスを上に持ってくると画像が変化する、スライドショー形式になっている、端末に応じて表示形式が調整される、ページ下端に行きつくとページが伸びる（無限スクロール）など、昨今の動的なページはターゲットには不向きです。見た目には画像が豊富でも、Beautiful Soup ではほとんど抽出できないからです。

10.2 方法

■ 手順

Pickle ファイルの読み込み、顔の検出と切り出し、サムネール画像の生成までの手順を次に示します。括弧に示したのは、そのステップで用いる Python の外部ライブラリです。矢印脇は前のステップが出力し、次のステップに入力されるデータです。

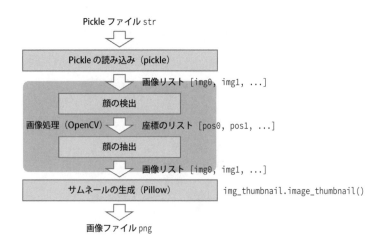

　画像処理部分は 2 ステップに分かれます。1 段目では、画像中の顔の所在（座標位置）を検出します。2 段目では、その座標位置を使ってもと画像から顔の矩形領域を切り出します。複数の画像を対象にこれらの処理を行うので、この部分はループでくくられています。

　最初の Pickle の読み込みは第 8 章および第 9 章と同じです。サムネールの生成は第 9 章とまったく同じなので、img_thumbnail.py から image_thumbnail() メソッドをそのままインポートします。

■ OpenCV

　高度な画像処理のパッケージといったら OpenCV です（CV はコンピュータビジョンの略）。画像のモノクロ化やリサイズなど Pillow でも扱えるシンプルなものから、最近流行りのディープラーニングまで、画像処理と名の付くものならほとんどカバーしています。

　ホームページの URL を次に示します。

```
https://opencv.org/
```

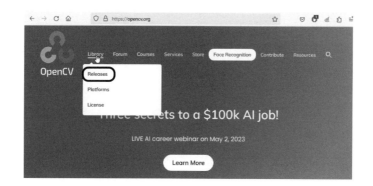

　ドキュメントページはページ上部メニューの［Library］→［Releases］から辿れます。バージョン別に分かれていますが、最新機能を使うのでもなければ、バージョン 4 のどれでも問題ありません。OpenCV のバージョンは、cv2 パッケージの __version__ 属性から調べられます。

```
>>> import cv2
>>> cv2.__version__
'4.7.0'
```

　詳しくはドキュメントをと言いたいところですが、リファレンスガイドは素っ気なく（しかも英語）、微細な調整に必要な各種パラメータをどのように変更してよいかがまずわからないので、書籍にあたるとよいでしょう。Python での OpenCV の書籍はいくつかありますが、永田雅人他著

『実践 OpenCV 4 for Python』，カットシステム（2021）あたりがお勧めです。なお、OpenCV は複数の言語をサポートしているので、書籍購入時には Python 用であることを確かめましょう。

■ 画像変換

Pickle 収容の画像データは Pillow の PIL.Image オブジェクトなので、OpenCV 用に変更しなければなりません。この変換プロセスは 2 段階に分かれます。

最初は、PIL.Image オブジェクトから NumPy 行列（numpy.ndarray）への変換です。これは、第 4 章でマスク画像を用意するときと同じ要領です。

続いては、色変換です。同じ 3 原色構成でも、Pillow のカラーは RGB なのに対し、OpenCV は BGR と順番が異なるので、R と B を入れ替えなければ、怪しげな色合いになってしまうからです。RGB から BGR に変換するには、OpenCV の cv2.cvtColor() メソッドを使います。第 1 引数には変換元の画像（NumPy 行列）、第 2 引数には変換方式をそれぞれ指定します。第 2 引数は定数が用意してあり、XXX が変換元フォーマット、YYY が変換先フォーマットとしたとき、cv2.COLOR_XXX2YYY の形で記述されます。RGB → BGR なら ccv2.COLOR_RGB2BGR です。

まとめると、次の通りです。

```
>>>  from PIL import Image                        # Pillowインポート
>>>  import numpy as np                           # NumPyインポート
>>>  import cv2                                    # OpenCVインポート

>>>  img = Image.open('img_main-00.jpg')          # Pillowでファイルを読む（RGB）
>>>  arr_rgb = np.array(img)                       # NumPy行列に変換（RGB）
>>>  arr_bgr = cv2.cvtColor(arr_rgb, cv2.COLOR_RGB2BGR)  # RGB > BGR変換（BGR）
```

OpenCV がサポートしている画像フォーマットは Pillow と比べると少ないので、Pillow で開いて OpenCV 用に変換する上の手順はよく使います。本章では、OpenCV の機能はモノクロ画像にしか使わないので、用いる定数は cv2.COLOR_RGB2GRAY です。

■ 顔の検出

顔検出にはいろいろな手法が提案されています。本章では、その中でも用法が最もシンプルな「Haar 特徴をもとにしたカスケード分類器」を用います（長いので以下「Haar 特徴器」）。

技術的な詳細は省きます。詳しいことを知りたい方は、次に URL を示す OpenCV の「Cascade Classifier」と題したチュートリアルを参照してください。

https://docs.opencv.org/4.7.0/db/d28/tutorial_cascade_classifier.html

■ モデルデータ

OpenCV の Haar 特徴器には学習済みのモデルデータファイルがいくつか用意されているので、何千枚もの画像による訓練を経なくても、そのまま使えます。ファイルは、OpenCV がインストールしてあれば、だいたい次の場所に見つけられます。

```
~/.local/lib/python3.11/site-packages/cv2/data          # Unix
C:\tools\Python3.10.5\Lib\site-packages\cv2\data        # Windows
```

Unix の ~/.local/lib/python3.11/ は外部パッケージをインストールしたときの一般的な置き場所です。インストール場所が異なるときは cv2 パッケージを探し、その下の data サブディレクトリをチェックしてください。Windows の C:\tools\Python3.10.5 は Python のインストール先のディレクトリです。Python インストーラのお勧めに従ってインストールしたときは、おそらく C:\Users\User\AppData\Local\Programs\Python\Python3.10.5 のような場所です。いずれについても、バージョン番号は自分のものと読み替えてください。Python のバージョンは --version コマンドオプションから調べられます。

```
$ python --version
Python 3.11.3
```

見当たらなければ、次に URL を示す OpenCV の Github リポジトリからダウンロードできます。

https://github.com/opencv/opencv/tree/master/data/haarcascades

.../data ディレクトリにはいくつかファイルが収容されています。

```
$ ls ~/.local/lib/python3.11/site-packages/cv2/data/
__init__.py                          haarcascade_fullbody.xml
__pycache__/                         haarcascade_lefteye_2splits.xml
haarcascade_eye.xml                  haarcascade_license_plate_rus_16stages.xml
haarcascade_eye_tree_eyeglasses.xml  haarcascade_lowerbody.xml
haarcascade_frontalcatface.xml       haarcascade_profileface.xml
haarcascade_frontalcatface_extended.xml  haarcascade_righteye_2splits.xml
haarcascade_frontalface_alt.xml      haarcascade_russian_plate_number.xml
haarcascade_frontalface_alt2.xml     haarcascade_smile.xml
haarcascade_frontalface_alt_tree.xml haarcascade_upperbody.xml
haarcascade_frontalface_default.xml
```

10

それぞれのファイルは、ヒトの体の特定の部位を検出するように訓練されたデータです。たとえば、haarcascade_eye.xml は眼を検出するよう訓練されています。haarcascade_fullbody.xml は全身です。本章のターゲットは顔なので、haarcascade_frontalface_alt.xml を使います。frontalface は正面から捉えた顔を検出するためのもので、alt は別テイクというほどの意味です。正面に特化しているため、横顔は検出できません。

いずれも XML 形式（テキスト）なのでメモ帳などでも読めますが、ヒトが読んで楽しいものではありません。

■ 本書収録のモデルデータ

本書では、ダウンロードファイルの Codes/haarcascades に次の3つのモデルデータファイルを用意しました。

```
$ ls -l haarcascades/
total 1312
-rwxrwxrwx 1 toyosawa toyosawa 411388 Jan 28 12:47 haarcascade_frontalcatface.xml*
-rwxrwxrwx 1 toyosawa toyosawa 676709 Jan 28 13:51 haarcascade_frontalface_alt.xml*
-rwxrwxrwx 1 toyosawa toyosawa 246945 Jan 28 13:56 lbpcascade_animeface.xml*
```

haarcascade_frontalface_alt.xml は上述の正面顔画像用で、本章で使用するものです。残りの2つはおまけで、haarcascade_frontalcatface.xml は猫の正面からの顔を、lbpcascade_animeface.xml はアニメ顔をそれぞれターゲットに訓練されたモデルデータです。haarcascade_frontalface_alt.xml はあくまでリアルなヒトの正面顔画像を対象としているので、猫もアニメキャラも検出しません。

次に、黒猫画像でテストした結果を示します（もと画像は Pixabay より）。白枠が「検出」された顔の領域です。左側がヒト用の haarcascade_frontalface_alt.xml を用いたもので、見当違いのところを検出しています。右側が猫用の haarcascade_frontalcatface.xml を用いたときのものです。

猫顔検出は次の Github ページからダウンロードできます（murtazahassan という方の「OpenCV-Python-Tutorials-and-Projects」の一部です）。

```
https://github.com/murtazahassan/OpenCV-Python-Tutorials-and-Projects/blob/master/
Intermediate/Custom%20Object%20Detection/haarcascades/haarcascade_frontalcatface.
xml
```

アニメ顔も Github から入手できます。サンプル画像も提示されているので、動作状況はそちらを参照してください。

```
https://github.com/nagadomi/lbpcascade_animeface
```

■ セットアップ

新規に導入するパッケージは OpenCV です。インストール時のパッケージの名称は opencv-python です。

```
pip install opencv-python
```

NumPy は Pillow 画像を OpenCV 画像に変換するのにしか使いませんが、それでも必須です。第 4 章で導入しましたが、なければ次の要領でインストールします。

```
pip install numpy
```

10.3 スクリプト

■ スクリプト

指定の Pickle ファイルから画像オブジェクトリストを読み込み、顔だけを抽出したサムネール画像を生成するスクリプトを次に示します。

img_faces.py

```
1  import pickle
2  import sys
```

```python
import cv2
import numpy as np
from PIL import Image
from img_thumbnail import image_thumbnail

cascade_file = 'haarcascades/haarcascade_frontalface_alt.xml'


def detect_faces(img):
    arr = np.array(img)
    arr_gray = cv2.cvtColor(arr, cv2.COLOR_RGB2GRAY)
    arr_gray = cv2.equalizeHist(arr_gray)

    classifier = cv2.CascadeClassifier(cascade_file)
    detected = classifier.detectMultiScale(arr_gray)

    return detected


def crop_faces(img, detected):
    faces = []
    for (x, y, w, h) in detected:
        cords = (x, y, x+w, y+h)
        faces.append(img.crop(cords))

    return faces


def get_faces(imgs):
    faces = []
    for idx, img in enumerate(imgs):
        detected = detect_faces(img)
        if len(detected) == 0:
            continue

        faces.extend(crop_faces(img, detected))
        print(f'Image {idx}: Found {len(detected)} faces.', file=sys.stderr)

    return faces


if __name__ == '__main__':
```

```
46    pickle_file = sys.argv[1]
47    with open(pickle_file, 'rb') as fp:
48        imgs = pickle.load(fp)
49        print(f'{len(imgs)} images read.', file=sys.stderr)
50
51    faces = get_faces(imgs)
52    print(f'Total {len(faces)} faces detected.', file=sys.stderr)
53
54    canvas = image_thumbnail(faces, size=(100, 100), bgcolor='white')
55    canvas.save('img_faces.png')
```

■ 実行例

ここまで再利用してきた出版社トップページ画像の img.pickle に顔は含まれていないので、img_pickle.py（第 7 章）から Pickle ファイルを新たに生成します。たとえば、次のように実行します。

```
$ img_pickle.py https://www.newsweekjapan.jp/
31 images found.
⋮
```

その上で、コンソール／コマンドプロンプトから実行します。

```
$ img_faces.py img.pickle
31 images read.
Image 3: Found 3 faces.
Image 7: Found 9 faces.
Image 10: Found 6 faces.
Image 16: Found 6 faces.
Image 19: Found 6 faces.
Image 20: Found 5 faces.
Image 25: Found 3 faces.
Image 27: Found 2 faces.
Image 28: Found 2 faces.
Total 42 faces detected.
Sheet: 7x6, (700, 600) pixels.
```

Pickle から 31 枚の画像が読み込まれました（出力の 1 行目）。以下、それぞれについて顔検出

が行われます。3 番目の画像では 3 箇所が検出されました。顔が検出されなかった画像はスキップされます。ここでは、トータルで 42 か所の部分画像（顔領域）が得られました。最後に顔を集めたサムネール画像（img_faces.png）が生成されます（55 行目）。格子の構成は 42 枚なので、ちょうど 7 × 6 です。

10.4　スクリプトの説明

■ 概要

スクリプトの説明をします。スクリプトファイルは img_faces.py です。

OpenCV パッケージの名称は cv2 です（3 行目）。NumPy は慣例に従って as np と別名を付けてインポートします（4 行目）。

第 9 章で作成した img_thumbnail.py からは、image_thumbnail() をインポートします（6 行目）。自作のモジュール（ファイル）のインポートにおける注意点は第 3 章で示した通りです。

8 行目は、Haar 検出器の使うモデルデータファイルを定義します。猫やアニメ顔などの他のデータを利用するときはここを変更してください。

本書のメソッドは次の 3 点です。

メソッド	使用ライブラリ	用途
detect_faces()	cv2、numpy	画像（1 枚）から顔のある矩形領域のリストを得る。
crop_faces()	PIL.Image	上記の結果を用いて、画像（1 枚）から顔領域を切り取った部分画像（のリスト）を得る。
get_faces()		複数の画像オブジェクトについて顔の検出と切り取りを行う。

detect_faces() と crop_faces() はともに 1 枚の画像を入力とするメソッドです。Pickle 収容の複数の画像は、get_faces() でまとめて処理します。

メイン部分（45 行目〜）では Pickle の読み込み（47 〜 49 行目）、get_faces() による顔領域画像リストの取得（51 行目）、サムネイル画像の生成（54 行目）、ファイルへの保存（55 行目）を行います。

■ detect_faces

　detect_faces() メソッド（11 ～ 19 行目）は入力された Pillow の画像オブジェクト（PIL. Image）から顔を検出し、その位置のリストを返します。顔が検出できないときは、空のタプル () を返します。

　入力画像は、モノクロ化した上で輝度調整します。これは、明暗の境界を探すことで顔の特徴を捉える Haar 検出器に、画像を最適にするための措置です。モノクロ化するのは、明暗は、線画の似顔絵のようにカラーよりモノクロの方がわかりやすく出るからです。また、光量不足でのっぺりとした画像では明るいところと暗いところの境界がわかりにくいので、暗いところはより暗く、明るいところはより明るくなるように調整する必要があります。モニタで言えば、これはコントラスト調整です。

　PIL.Image オブジェクトを NumPy 行列に変換したら（12 行目）、まずは cv2.CvtColor() メソッドでモノクロにします（13 行目）。引数に指定する変換方法定数が cv2.COLOR_RGB2GRAY、つまり RGB からモノクロ（GRAY）になっている点に注意してください。numpy.array() は Pillow 画像をそのまま行列に置き直すだけなので、この時点では、3 つの色の順が Pillow と同じ RGB のままだからです。

```
>>>    from PIL import Image                              # Pillowをインポート
>>>    img = Image.open('img.jpg')                        # 画像を読む

>>>    import numpy as np                                  # NumPyをインポート
>>>    arr = np.array(img)                                 # NumPy行列に変換

>>>    import cv2
>>>    arr_gray = cv2.cvtColor(arr, cv2.COLOR_RGB2GRAY)    # RGB > モノクロ変換
```

　輝度補正には、ヒストグラム均等化を使います。これは端的には、輝度ヒストグラムの左側（暗い方）の端を真っ暗（0）まで、右側（明るい方）の端を真っ白（255）まで引っ張ることにより、明るさのダイナミックレンジを広げる操作です。

次に例を示します。左図が原画、右図が均等化後のものです（画像はPixabayより）。均等化後はヒストグラムの幅が広がり、画像ではセーターの柄がわかりやすくなります。

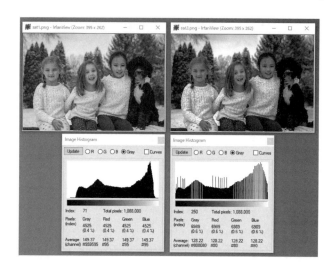

ヒストグラム均等化のメソッドはcv2.equalizeHist()です（14行目）。引数に変換元のモノクロ画像を指定すれば、均等化された画像が戻ります。

```
>>>  arr_gray = cv2.equalizeHist(arr_gray)
```

■ CascadeClassifier

前処理が終わったところで、顔検出を始めます。中身は数学のかたまりですが、使うぶんにはたったの2行です。まずcv2.CascadeClassifierコンストラクタの引数にモデルデータファイル（8行目）を指定することで、Haar検出器のオブジェクトを生成します（16行目）。

```
>>>  classifier = cv2.CascadeClassifier(cascade_file)      # オブジェクト生成
>>>  type(classifier)
<class 'cv2.CascadeClassifier'>
```

続いて、cv2.CascadeClassifierのメソッドdetectMultiScale()から顔の領域を検出します（17行目）。引数には前処理後のモノクロ画像を指定します。

```
>>> detected = classifier.detectMultiScale(arr_gray)
```

顔が検出されれば、その矩形領域の左上の座標 (x, y) と矩形の横縦のサイズ (w, h) の NumPy 行列が返ります。リストのリストと同等です。

```
>>> type(detected)                    # 戻り値はNumPy行列
<class 'numpy.ndarray'>
>>> detected
array([[788, 213, 166, 166],
       [174, 261, 158, 158],
       [538, 270, 156, 156]])
```

最初の顔領域の左上座標は (788, 213) で、そのサイズは 166 × 166 です（犬の隣の子）。他にも 2 つあるので、合計 3 つの顔領域が検出されました。もとの画像にこれらの矩形領域を描けば、次のようになります。

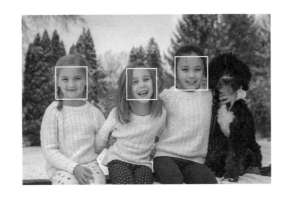

顔領域が検出されなければ、返ってくるのは空のタプルです。

```
>>> not_detected = classifier.detectMultiScale(img_cat)   # 猫画像
>>> not_detected                                          # 空タプル
()
```

■ crop_faces

crop_faces() メソッド（22 〜 28 行目）は Pillow の画像オブジェクトと上記の検出領域をもとに、顔のある部分画像を切り出し、そのリストを返します。入力が Pillow 画像なことからわかるように、切り出し操作には Pillow の機能を用います（OpenCV でやるなら、NumPy の多次元スライスを使います）。

切り出しは簡単です。画像オブジェクトに対し crop() メソッドを作用させれば、指定の部分画像が得られます（26 行目）。たとえば、上記の結果の最初の領域から切り出すには次のようにします。

```
>>>  detected
array([[788, 213, 166, 166],                          # これを使う
       [174, 261, 158, 158],
       [538, 270, 156, 156]])
>>>  img_crop = img.crop((788, 213, 788+166, 213+166))
```

PIL.Image.crop() の引数に指定するのは、左上隅と右下隅の (x, y) 座標値をそのまま続けて書いた 4 要素のタプルです。点と長さのペアではないので、右下隅は足し算で求めなければなりません。

抽出結果の detected には複数の領域が含まれているので、ループを組みます（24 行目）。あとは、用意した空のリスト（23 行目）に結果を加えていき、これを返すだけです。

■ get_faces

detect_faces() と crop_faces() は画像 1 枚用なので、この get_faces() メソッド（31 〜 41 行目）で Pickle 収容のすべての画像を処理します。処理内容は単純なループです。for でわざわざ enumerate() を用いて画像とそのインデックス番号を取り出しているのは（33 行目）、どの画像から顔領域が取得されたかを示すためだけで、必須な操作ではありません。

なお、38 行目のリストへの要素の追加が list.append() ではなく list.extend() なのは、要素がリストだからです。前者でリストにリストを加えると、リストの中にリストが収容されます。後者は追加するリストが展開されるのでフラットなリストになります。

```
>>>  a = [1, 2, 3]
>>>  b = ['a', 'b', 'c']
>>>  a.append(b)                                      # appendではbはリストのまま
>>>  a
[1, 2, 3, ['a', 'b', 'c']]
```

```
>>> a=[1, 2, 3]
>>> a.extend(b)                                        # extendならbは展開される
>>> a
[1, 2, 3, 'a', 'b', 'c']
```

■ メイン

　メインでは Pickle ファイルを読み込み（47 〜 49 行目）、画像オブジェクトリストを get_
faces() メソッドに渡し、顔領域の画像のリストを取得します（51 行目）。あとは、第 9 章の
image_thumbnail() からサムネール画像を生成するだけです（54 行目）。出力ファイル名はハード
コードしてあるので、必要があれば変更してください。

10

REST で取得した
地理座標から
地図を作成する

JSON　地図

データソース	東京都オープンデータ API
データタイプ	JSON テキスト（application/json; charset=utf-8）
解析方法	JSON 解析
表現方法	インタラクティブマップ
使用ライブラリ	Plotly、Requests

11.1　目的

■ インタラクティブマップ

　本章では、REST API（後述）を介して取得した JSON テキストから地理座標（緯度経緯）を抽出し、その位置に半透明の赤いマーカーを置いた地図を作成します。

　次に、東京都オープンデータ API から取得した公衆無線 LAN アクセスポイントをマーキングした地図を示します（左図）。ブラウザ上でズームイン・アウトや移動のできるインタラクティブ世界地図なので、東京都の離島も含めた日本全体までズームアウトもできます（中央図）。マーカーにカーソルを置けば、住所と位置情報がポップアップします（右図）

■ ターゲット

本章では東京都 オープンデータカタログサイトに掲載されている数あるデータセットの中でも、次に URL を示す「オープンデータ API について」ページのデータセットを利用します。

```
https://portal.data.metro.tokyo.lg.jp/opendata-api/
```

このデータセットを選んだのは、アクセス時の HTTP メソッドが GET でよいため、これまで通りに requests.get() が使えるからです。また、必須のパラメータや要求ヘッダがないので、気軽に試せます。加えて、本章の題目である JSON 形式のデータを返してくれます。

利用方法は、目的のデータセットをクリックすれば示されます。ここでは「公衆無線 LAN アクセスポイント一覧」を使います。

　「GET」の右にあるパス（エンドポイントとも言います）が URL のパスです（/WifiAccessPoint）。これに「オープンデータ API について」の先頭に書かれている「Base URL」（api.data.metro.tokyo.lg.jp/v1）を加えれば、絶対 URL が得られます。プロトコル（スキーム）は https です。組み合わせれば次のようになります。

```
https://api.data.metro.tokyo.lg.jp/v1/WifiAccessPoint
```

　「Parameters」欄はフィルタリングや検索のための補助パラメータで、URL のクエリ文字列から指定します。上の 2 つは JSON データ中の特定の値の位置を示すパス（ドット . がパス区切り）を用いたフィルタリングなので、データ構造がわかっていないと使えません。本章でも利用しません。

　3 番目の limit はデータセットから一部を取得する指示で、巨大データの要求でサーバに負荷をかけないためのリミッターです（たいていの REST サーバにはこうしたリミッターがあります）。記載されているように、デフォルトでは 100（つまり先頭データから 100 個分）、最大で 1000 です。ここでは 1000 を指定します。クエリ文字列なので、?limit=1000 を次のように上記の URL に加えます。

```
https://api.data.metro.tokyo.lg.jp/v1/WifiAccessPoint?limit=1000
```

　普通の GET 要求なので、ブラウザからもアクセスできます。

11

　JSON テキストが要素間のスペースも改行もインデントもなしで並ぶので、慣れないと読めたものではありません。ここから、もともとプログラムで処理することを前提としたデータセットであることがわかります。

　本章の例題は、実は東京都 オープンデータカタログサイトでも傍流のデータセットです。本流を使わなかったのは、HTTP 要求メソッドが POST であったり、必須の POST データがあったりと、REST 慣れしていないと敷居が高いからです。利用方法は付録 A.7 に短くまとめたので、参考にしてください。

11.2 方法

■ 手順

　東京都オープンデータカタログの REST API を介して JSON テキストを取得し、地理座標のポイントをマークしたインタラクティブマップをブラウザに表示するまでの手順を次に示します。括弧に示したのは、そのステップで用いる Python の外部ライブラリです。矢印脇は前のステップが出力し、次のステップに入力されるデータです。

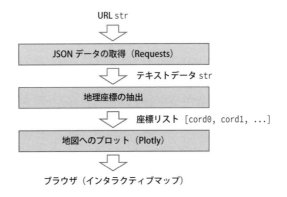

```
                    URL str
                      ⇩
        ┌─────────────────────────────┐
        │  JSON データの取得（Requests）  │
        └─────────────────────────────┘
                      ⇩   テキストデータ str
        ┌─────────────────────────────┐
        │       地理座標の抽出            │
        └─────────────────────────────┘
                      ⇩   座標リスト [cord0, cord1, ...]
        ┌─────────────────────────────┐
        │  地図へのプロット（Plotly）      │
        └─────────────────────────────┘
                      ⇩
        ブラウザ（インタラクティブマップ）
```

　REST API は通信プロトコルに HTTP を利用するので、これまでのように Requests でアクセスできます。取得するのは JSON 形式のテキスト、つまりひとまとまりの文字列です。JSON であることは、HTTP 応答ヘッダの Content-Type フィールドの値が application/json となっていることから確認できます。

　抽出する緯度・経度の地理座標は、たとえば (35.681111, 139.766667) のように float で表現される文字列です（これは東京駅の位置）。35 度 40 分 52 秒のような度分秒表記ではありません。

　緯度経度の位置を地図にプロットするには Plotly パッケージを使います。正確には Plotly 社の提供する Python 用グラフツールですが、パッケージ名と社名が同名なので略して呼ばれます。膨大な機能があるうち、本章で利用するのは Plotly Express と呼ばれるモジュールだけです（略してPX）。Plotly には地図データがあらかじめ備わっているので、別途用意する必要はありません。また、ブラウザと通信する機能があるので、ブラウザへの地図表示にもとくに手間はかかりません（ライブラリは JavaScript を生成するのでブラウザが必要）。ユーザがやらなければならないことは、Plotly の地図オブジェクトに地理座標を入力するくらいです。

■ REST API について

本章の範囲内では、REST API は HTTP を使ったデータの交換方式です。HTTP なので、操作対象（リソース）は URL から指示します。フィルタリングや検索などの細かい操作は、クエリ文字列や要求ヘッダから指示します。REST は「Representational State Transfer」の略ですが、略語で通るので、もとの用語は気にしなくて構いません。

REST では、操作対象の処理方法を HTTP のメソッド（コマンド）で指示します。GET はデータの要求、PUT や POST はリソースの新規作成あるいは更新、DELETE は削除です。データの消費者でしかないユーザはたいてい GET しか使いません。本章でも、使うのは HTTP GET だけです。

REST そのものは設計指針であって仕様ではないので、一般的に考えられている方法とは異なるやり方で実装されているサーバもあります。データ取得に GET ではなく POST を求める設計も、したがって規律違反というわけでもありません（紛らわしいには違いありませんが）。REST API を提供するサイトにはたいてい用法が示されている、あるいはマニュアルが提供されているので、データを利用するに際しては、それらを一読してください。

■ JSON テキストについて

REST API では、構造化されたフォーマットでデータを表現するのが通例です。フォーマットは JSON、XML、YAML などが一般的です。いずれも可読なテキストで記述されるので、テキストエディタで直接読み書きができます。フリーテキストと違って構造化されているので、プログラムで扱うのに適しています。

本章で扱う JSON はその中でももっともポピュラーです（だと思います）。JSON テキストは、端的には Python で言うところの辞書、リスト、あるいはそれらを入れ子にした構造を可読文字で記述したものです。

次に JSON テキストの例を示します。構造は Python の辞書（dict）およびリスト（list）と同じですが、全体が文字列で表現されているところが異なります。次に例を示します。

```
{
    "name": "牛めし",
    "price": "400",
    "size": "並盛",
    "miso soup": true,
    "ingredients": ["ごはん", "牛肉", "玉ねぎ", "砂糖", "生姜", "しょうゆ", "みりん"]
}
```

JSON には基本型（null、真偽値、数値、文字列）、それらを組み合わせた配列あるいはオブジ

ェクトという構造体の、計 6 つのデータ型があります。これらは、Python のデータ構造とほぼ互いに交換可能です。次に、対応関係を示します。

JSON		Python	
型	例	型	例
null	null	None	None
真偽値	true、false	bool	True、False
数値	400、3.14、6.67e-11	float	400、3.14、6.67e-11
文字列	"牛めし"	str	'牛めし'
配列	["ごはん","牛肉","玉ねぎ"]	list	['ごはん','牛肉','玉ねぎ']
オブジェクト	{"name":"牛めし"}	dict	{'name':'牛めし'}

　完全互換ではないところには注意が必要です。JSON の数値型には整数、浮動小数点数の区別がありません。しかも、文字列で記述されるので、桁数の制限すらありません。文字列は必ず二重引用符 " でくくらなければならず、単一引用符 ' は不正な表現です。JSON の仕様（書式）は RFC 8259 で定義されているので、データ型の詳細はそちらを参照してください。

　JSON テキストを Python データに変換するには、標準ライブラリの json モジュールの loads() メソッドを使います。引数に JSON テキストを指定すれば、Python データが得られます。

　次の例では、JSON データ型それぞれのサンプルを収容した配列を Python のデータ構造に変換します。引数が 1 組の引用符でくくられた 1 つの文字列な点に注意してください。

```
>>> json.loads('[null, true, false, 3.14, "string", ["a", "b"], {"key": "value"}]')
[None, True, False, 3.14, 'string', ['a', 'b'], {'key': 'value'}]
```

　Requests には、HTTP 応答ボディ（requests.Response.text）を JSON データとして Python データに変換する requests.Response.json() メソッドがあるので、本章では json.loads() は利用しません（Requests の json() メソッドも、内部では標準ライブラリをそのまま使っています）。

■ ターゲットのデータ構造

　東京都サーバへの HTTP GET から得られるデータは JSON テキストです。REST API の返す JSON テキストはどちらかといえばマシン寄りなため、要素間の空白、改行、インデントなどヒトの可読性を高める整形が施されていないのが通例です。しかし、ブラウザ（あるいはプラグインや拡張機能）には整形表示をしてくれるものもあります。

　次に、「東京都オープンデータカタログ」の JSON テキストを Firefox で整形した例を示します。

　数値は JSON 配列（Python ではリスト）のインデックス番号です。つまり、この JSON テキストは 0 番目と 1 番目の 2 つの要素からなる配列です。数値右のシンボルが、それぞれ [...]、{...} となっています。これは、0 番目の要素が配列、1 番目の要素がオブジェクト（辞書）であるネスト構造なことを示しています。

　0 番目の要素を▶をクリックすることで展開します。

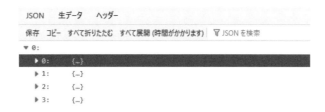

　0 番目の要素の値も配列なので、これは入れ子の配列です。その要素のデータ型は {...} なのでオブジェクト（辞書）です。これらのオブジェクトが公衆無線 LAN スポット 1 つ 1 つのデータです。0 番目の 0 番目をさらに展開します。

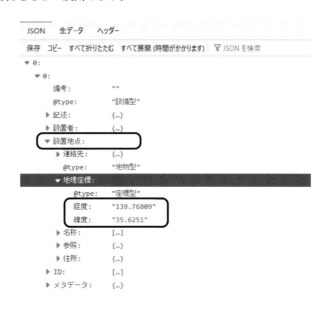

配列の配列のオブジェクト要素は備考、@type、記述などのプロパティで構成されています。プロパティ値の中にはさらに入れ子になったものもあります。本章で取得したい LAN スポットの地理座標は設置地点の、地理座標の、経度と緯度に収容されています。値のデータ型は、二重引用符でくくられていることからわかるように文字列（数字）です。

受信した JSON テキストを Python のデータ構造に変換し、その上でこれらの値をすべての要素について抽出できれば、あとは地図にプロットするだけです。最も外側の配列を json_data としたとき、外側の 0 番目の要素（リスト）の、その 0 番目の要素（辞書）の、緯度と経度は次の要領でアクセスできます。

```
json_data[0][0]['設置位置']['地理座標']['緯度']
json_data[0][0]['設置位置']['地理座標']['経度']
```

■ ターゲットのデータの精度

本章のスクリプトを実行すると、ターゲットのデータセットから 733 箇所の公衆 LAN スポットが取得できます。しかし、データの精度がわかりません。オフィシャル情報には違いありませんが、次に示すように最終更新日が（実行時点から）2 年ほど前と、やや古いからです（外側の配列の 1 番目の要素の updated プロパティに記載）。

他のデータソースがあれば、精度を比較できます。幸いなことに、同じく東京都が運営している「TOKYO FREE Wi-Fi」という観光客向けサイトのエリアマップに同等の情報がアップされています（https://www.wifi-tokyo.jp/ja/）。これを次の左図に示します（新橋駅界隈）。（紙面では）他のアイコンに紛れてやや読みにくいですが、Wi-Fi スポットは電波マークの入った四角と丸の 2 種類のアイコンで示されています。右に、同じエリアの地図を本章のスクリプトから示します。比べると、本章のターゲットの方がやや数が少ないようです。

　オープンデータの中にはアップデートされていなかったり、欠落があったりと、精度が要求される処理には向かないものもあります。利用時には注意してください。

■ Plotly Express

　グラフ処理といえば Matplotlib がポピュラーですが、本章で導入する Plotly もよく使われます。どちらを使うべきかはしばしば議論になりますが、好み次第です。美しさも、使い勝手も、難易度も同じようなものですが、本書執筆時点では、ネット上の日本語情報は Matplotlib の方がやや多いようなので、そちらがとっつきやすいかも知れません。本章で Plotly を用いるのは、地理座標を入力するだけでインタラクティブマップを描いてくれるからです。

　ホームページの URL を次に示します。

```
https://plotly.com/python/
```

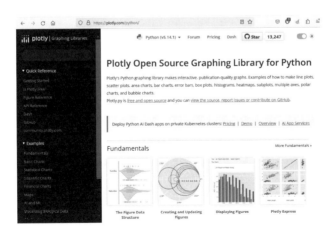

　Plotly には、地図に何らかの情報（マーカー等）をオーバーレイする機能がいくつかあります。メインページに掲載されているサンプルグラフの地図（Maps）の箇所から「More Maps」をク

リックすれば、利用可能な地図表現が見られます（直接リンクは https://plotly.com/python/maps/）。

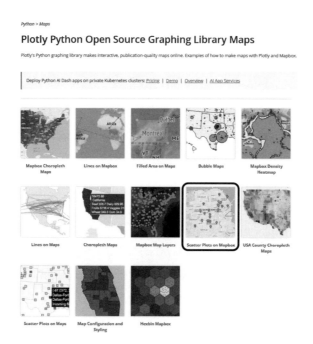

本章で用いるのは、2 行 4 列目の Scatter Mapbox です。

■ セットアップ

　Plotly パッケージは、利用に先立ってインストールしなければなりません。PIP なら、次のように実行します。

```
pip install plotly
```

他に必要なのは Requests だけです。

11.3 スクリプト

■ スクリプト

東京都オープンデータカタログの「公衆無線LANアクセスポイント一覧」データセットから
JSONテキストデータをロードし、記載されている緯度経度をインタラクティブマップにプロット
するスクリプトを次に示します。

```
json_geo.py
 1  import sys
 2  import plotly.express as px
 3  import requests
 4
 5
 6  def get_page(url):
 7      resp = requests.get(url, headers={'Accept': 'application/json'})
 8      if resp.status_code != 200:
 9          raise Exception(f'HTTP failure. Code {response.status_code}.')
10
11      if resp.encoding == 'ISO-8859-1':
12          resp.encoding = resp.apparent_encoding
13
14      print(f'{url} loaded. {len(resp.text)} chars.', file=sys.stderr)
15      return resp.json()
16
17
18  def extract_locations(obj):
19      locations = []
20      for elem in obj[0]:
21          latitude = float(elem['設置地点']['地理座標']['緯度'])
22          longitude = float(elem['設置地点']['地理座標']['経度'])
23          name = elem['設置地点']['住所']['表記']
24          locations.append( {
25              'latitude': latitude,
26              'longitude': longitude,
27              'name': name
28          } )
29
30      print(f'JSON data loaded. {len(locations)} elements yanked.', file=sys.stderr)
31      return locations
32
```

```
33
34  def generate_map(locations):
35      fig = px.scatter_mapbox(
36          data_frame = locations,
37          lat = 'latitude',
38          lon = 'longitude',
39          hover_name = 'name',
40          center = {'lat':35.6810, 'lon':139.7673},    # 東京駅
41          zoom = 13,
42          height = 768,                                # XGA
43          width = 1024
44      )
45      fig.update_layout(mapbox_style='open-street-map')
46      fig.update_layout(margin={"r": 0, "t": 40, "l": 0, "b": 0})
47      fig.update_layout(title_text="Tokyo WiFi spots")
48      fig.update_traces(marker={'size': 20, 'color': 'red', 'opacity': 0.5})
49
50      return fig
51
52
53
54  if __name__ == '__main__':
55      url = 'https://api.data.metro.tokyo.lg.jp/v1/WifiAccessPoint?limit=1000'
56      json_data = get_page(url)
57      locations = extract_locations(json_data)
58      fig = generate_map(locations)
59      fig.show()
60      # fig.write_html('json_geo.html')
```

■ 実行例

　ホストマシン（ここでは Windows）上のコンソール／コマンドプロンプトから実行します。スクリプト 55 行目に示されているように、宛先 URL はハードコーディングしているので、引数はありません。

```
C:\temp>python json_geo.py
https://api.data.metro.tokyo.lg.jp/v1/WifiAccessPoint?limit=1000 loaded. 469426 chars.
JSON data loaded. 733 elements yanked.
```

　ホストマシンからなのは、ホストマシン上で動作するウェブブラウザと通信するためです。

Windows Subsystem for Linux からでも Windows 画面上のブラウザと通信できるようですが、コンソールが乱れます。

実行すると、文字数にして約 47 万文字がダウンロードされ、そこから 733 個の無線 LAN スポット情報が取得されました。クエリ文字列で ?limit=1000 を指定しているのに 733 個しか取得できなかったということは、あるだけ全部取得できたということです[†]。

ブラウザに表示された地図画像では、マウスホイールでズームイン・アウトできます。左マウスボタンを押下して引きずれば、地図を上下左右に移動できます。マーカー上にマウスポインタをホバーさせれば、住所、緯度、経度がバブルヘルプで表示されます。サンプル画像は本章冒頭で示した通りです。

60 行目のコメントを外せば、インタラクティブマップが HTML 形式で保存されます。ファイル名は json_geo.html です。インタラクションに必要な JavaScript がすべて収容されているので、ファイルを開けばいつでも閲覧、操作ができます。

11.4 スクリプトの説明

■ 概要

スクリプトの説明をします。スクリプトファイルは json_geo.py です。

先頭で必要なパッケージをインポートします。必要なのは HTTP アクセスの requests（3 行目）と Plotly Express の plotly.express（2 行目）だけです。後者は慣例に従って px と別名を付けます。

スクリプトには次の 3 つのメソッドを用意しました。

メソッド	使用ライブラリ	用途
get_page()	requests	指定の URL から JSON テキストをダウンロードする。
extract_locations()		JSON（入れ子のリストと辞書）から緯度、経度、住所を抽出する。
generate_map()	plotly.express	緯度経度を地図にプロットし、ブラウザに表示する。

メイン部分（54 行目〜）では、上記を記載順に呼び出し、最後に Plotly のグラフオブジェクトから表示をします。

[†] データセットがリミット最大の 1000 個より多いときは、取得開始位置を指定して再度アクセスします。この API では、応答 JSON テキストに示される endCursor を同名のパラメータ（クエリ文字列）から指定します。用法は概要ページを参照してください。

■ get_page

get_page() メソッド（6 〜 15 行目）は、指定の URL に HTTP GET アクセスをし、得られた JSON テキストを Python データに変換して返します。他の章と基本形は同じです。

異なるのは、追加の要求ヘッダ（7 行目）と return で戻すデータ（15 行目）です。

追加の要求ヘッダに Accept: application/json を指定しているのは、このクライアントが待ち受けているのが JSON（HTTP のメディアタイプで application/json）であることをサーバに明示するためです。このエンドポイントからはどのみち JSON しか戻ってこないので不要といえば不要ですが、あって困るものではありません。「オープンデータ API について」のテスト機能も、Accept ヘッダフィールドを加えるように指示しています。

文字エンコーディングの設定も不要といえば不要です（11、12 行目）。東京都は Content-Type 応答フィールドに正しい文字エンコーディングを示してくれます。

```
>>>  import requests
>>>  url = 'https://api.data.metro.tokyo.lg.jp/v1/WifiAccessPoint?limit=1000'
>>>  resp = requests.get(url, headers={'Accept': 'application/json'})
>>>  resp.encoding                              # 正しいエンコーディング
'utf-8'
>>>  resp.headers.get('Content-type')           # 正しい情報あり
'application/json; charset=utf-8'
```

もっとも、JSON の仕様は文字コードは Unicode でなければならないと定めており、そのエンコーディングには UTF-8 が推奨されています。UTF-8 でなかったら、データソースの側で何かが間違っています。したがって、resp.encoding = 'utf-8' と直接指定しても構いません。

JSON テキストは Python データに変換します。これには、requests.Response.json() メソッドを使います（15 行目）。

```
>>>  type(resp.text)                            # resp.textは文字列
<class 'str'>
>>>  resp.text[:60]                             # 中身確認
'[[{"備考":"","@type":"設備型","記述":{"@type":"記述型","説明":"","種別":"提'

>>>  obj = resp.json()                          # Pythonデータ型に変換すると
>>>  type(obj)                                  # リストになる
<class 'list'>
```

変換するとリストになるのは、テキスト全体が JSON 配列の [] でくくられているからです。

■ extract_locations

extract_locations() メソッド（18 〜 31 行目）は、入力された Python データから緯度、経度、住所を抽出し、これを辞書のリストにして返します。ピュアに Python で記述できるので、外部パッケージは使用しません。

先に説明したように、このデータはリストのリストの辞書です。外側の 0 番目の要素はリストで、それぞれの要素が個々の LAN スポットの情報を記述した辞書です。全部で 733 個の辞書が収容されています。

```
>>>   type(obj[0])                           # 0番目の要素はリスト
<class 'list'>
>>>   len(obj[0])                            # 全部で733個
733

>>>   elems = obj[0]                         # 以下、elemsと呼ぶ
```

辞書の中身を確認します。そのまま表示すると読みにくいので、標準ライブラリの pprint.pprint() で整形して出力します。

```
>>>   type(elems[0])                         # 0番目の要素は辞書
<class 'dict'>

>>>   elem = elems[0]                        # 以下、elemと呼ぶ

>>>   from pprint import pprint              # 整形用
>>>   pprint(elem)
{'@type': '設備型',
 'ID': [{'@type': 'ID型', '識別値': '412'},
        {'@type': 'ID型', '種別': 'SSID', '識別値': 'FREE_Wi-Fi_and_TOKYO'}],
 'メタデータ': {'@type': '文書型',
         '発行者': {'@type': '組織型',
               'ID': {'@type': 'ID型', '識別値': '130001'},
               '住所': {'@type': '住所型', '市区町村': '', '都道府県': '東京都'}}},
 '備考': '',
 '記述': {'@type': '記述型', '種別': '提供エリア', '説明': ''},
 '設置地点': {'@type': '地物型',
         '住所': {'@type': '住所型', '方書': '', '表記': '東京都品川区東八潮1'},
         '参照': {'@type': '参照型', '参照先': 'http://www.wifi-tokyo.jp/ja/'},
         '名称': [{'@type': '名称型', 'カナ表記': '', '表記': '公衆電話（品川区東八潮1）
No.1'}],
```

11

```
            {'@type': '名称型', '種別': '英語', '表記': ''}],
      '地理座標': {'@type': '座標型', '経度': '139.76809', '緯度': '35.6251'},
      '連絡先': {'@type': '連絡先型', '内線番号': '', '電話番号': ''}},
 '設置者': {'@type': '組織型', '表記': '東京都'}}
```

ここから「設置地点→地理座標→緯度」、「設置地点→地理座標→経度」、「設置地点→住所→表記」の 3 つの値を抽出します。

```
>>>  elem['設置地点']['地理座標']['緯度']
'35.6251'
>>>  elem['設置地点']['地理座標']['経度']
'139.76809'
>>>  elem['設置地点']['住所']['表記']
'東京都品川区東八潮1'
```

単一引用符 ' でくくられていることからわかるように、緯度経度のデータ型は文字列です。float に変換します。住所はそのまま文字列です。

```
>>>  latitude = float(elem['設置地点']['地理座標']['緯度'])
>>>  latitude
35.6251

>>>  longitude = float(elem['設置地点']['地理座標']['経度'])
>>>  longitude
139.76809

>>>  name = elem['設置地点']['住所']['表記']
>>>  name
'東京都品川区東八潮1'
```

これらは「latitude」(緯度)、「longitude」(経度)、「name」(表記住所) というキーで辞書化します (スクリプト 24 〜 28 行目)。

```
>>> {
...     'latitude': latitude,
...     'longitude': longitude,
...     'name': name
... }
{'latitude': 35.6251, 'longitude': 139.76809, 'name': '東京都品川区東八潮1'}
```

あとは、これをすべての辞書要素についてループするだけです。メソッドの戻り値は、この辞書のリストです。

辞書のリストにしたのは、次段の Plotly で扱いやすいからです。

■ generate_map

generate_map() メソッド（34 ～ 50 行目）は、地理座標を示す辞書のリストを受けると、Plotly のグラフオブジェクトを返します（正確には plotly.graph_objects._figure.Figure。以下 Figure）。

地理座標のポイントを地図にマークするには、plotly.express.scatter_mapbox() メソッドを使います。まず、コンストラクタから Figure オブジェクトを生成します（35 ～ 44 行目）。

最初（36 行目）の data_frame キーワード引数に地理座標の表を指定します。列に緯度、経度、表記住所のある全部で 733 行の表で、先ほど作成した 3 要素の辞書のリストです。

Plotly のグラフ機能は Pandas のデータ構造（pandas.DataFrame）を用いるように設計されていますが、リストや辞書も受け付けます（内部で DataFrame に変換される[†]）。辞書のリストを用意したのは、Pandas に変換されたときにプロパティ名が列見出しになるからです。地理座標辞書のリスト（locations）を DataFrame に変換すると次のようになります。

```
>>> import pandas as pd
>>> df = pd.DataFrame(locations)
>>> df
      latitude   longitude                    name
0    35.625100  139.768090          東京都品川区東八潮1
1    35.693105  139.710121         東京都新宿区新宿5-7-20
2    35.662580  139.699652   渋谷区神南1-19-8 渋谷区立勤労福祉会館
3    35.653921  139.752696         東京都港区芝大門2-9-11
4    35.562577  139.715403        東京都大田区西蒲田7-68
..         ...         ...                     ...
```

[†]　Pandas には pandas.read_json() という JSON テキストを直接 DataFrame に変換するメソッドもあります。pandas.read_html() 同様、URL を直接指定できますが、POST メソッドはサポートしていないので、東京都のメインの API には利用できません。

11

```
728   35.710537   139.797946              東京都台東区雷門2-20
729   35.703873   139.791893              東京都台東区蔵前2-6-7
730   35.691557   139.711230              東京都新宿区新宿5-3-1
731   35.641594   139.713277   目黒区三田1-13-3 恵比寿ガーデンプレイス内
732   35.627519   139.724509             東京都品川区東五反田5-25-19

[733 rows x 3 columns]
```

あとは、地図を描くための補助的な設定をキーワード引数から指定します。

必須なのは lat（37行目）と lon（38行目）です。これらには、それぞれ経度と緯度が示された表の列を列見出しから指定します。

hover_name（39行目）には、マーカーにマウスを置いたときに現れるバブルヘルプの文字列を収容した列を指定します。この文字列は太字で描かれます。

center（40行目）には起動時の地図の中心の地理座標を指定します。値は辞書形式で、緯度経度のキーはそれぞれ「lat」「lon」です。指定がなくても突拍子もないところを中心にしたりしませんが、ここでは東京駅としました。主要なランドマークの地理座標は Wikipedia から調べられます（たとえば三鷹駅は (35.702694, 139.560833) です）。

zoom（41行目）には起動時のズームレベルを 0 〜 20 の整数値から指定します。デフォルトは 8 です。ここではズームイン気味な 13 を指定していますが、東京駅を中心に都心部をカバーできることをトライ・アンド・エラーで試した結果です。

height と width（42、43行目）は地図画像のサイズで、単位はピクセルです。

マップのレイアウトや描画方法などグラフオブジェクトの属性設定には、Figure の update_layout() メソッドを使います（45 〜 48行目）。

キーワード引数の mapbox_style（45行目）は地図データの指定です。次のように数種類が用意されています。

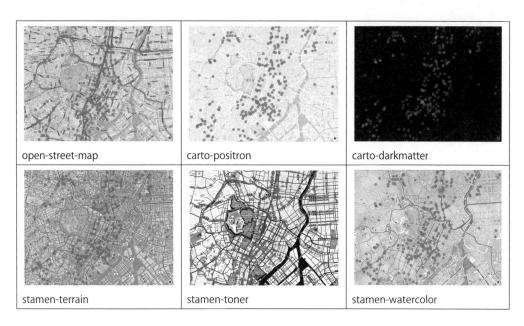

他にもありますが、マップサービス会社の登録等が必要です。詳しくは、Plotly ドキュメントの「Mapbox Map Layers in Python」と題されたページを参照してください。

　キーワード引数の margin は地図の周囲のマージン設定です（46 行目）。右端を「r」、上端を「t」、左端を「l」、下端を「b」としたキーの辞書から指定します。ここでは上端以外は 0 としています。上端に 40 ピクセルを取ってあるのは、次の title_text（47 行目）でタイトル文字列を描き込むスペースが必要だからです。マージンの設定方法は plotly.graph_objects.layout.Margin クラスのリファレンスを参照してください。

　48 行目の Figure.update_traces() メソッドは、グラフの線や点のスタイルを設定します。ここで用いている marker キーワード引数は点の描画方法を指示するもので、辞書形式で指定します。属性はコードに書かれている通りで、size が丸のサイズ、color が色名で CSS の名称が指定できます。本章ではどのプロットも同じ色にしていますが、Matplotlib と同様に色のパターンも使えます。詳細は「Discrete Colors in Python」などのリファレンスを参照してください。最後の opacity は 0 から 1 の浮動小数点数で表現される「不透過度」です。透明度の逆なので、0 が完全透明、1 が完全不透明です。ここで中間の 0.5 を設定しているのは、LAN スポットが集中し、マーカーが重なったときに、色の濃さから重なり具合がわかるようにするためです。

　これで準備は終わりです。できあがった Figure オブジェクトを show() メソッドから表示します。ブラウザ上では地図とその操作メカニズムは JavaScript で表現されています。

　インタラクティブマップを HTML 形式で保存するなら、Figure.write_html() です。60 行目のコメントを外して利用してください。

CSV の地理座標から
地図を作成する

CSV 地図 日本語

データソース	e-GOV データポータル／国土交通省
データタイプ	CSV（text/csv；文字エンコーディング不明）
解析方法	表解析
表現方法	インタラクティブマップ
使用ライブラリ	Pandas、Plotly

12.1　目的

■ インタラクティブマップ

　前章と同じく、データソースから地理座標を抽出し、その位置にマーカーを配置した地図を作成します。前章は単に位置だけをマークしたのでマーカーサイズはどこでも同じでしたが、今回は規模に応じて変更します。ターゲットのデータフォーマットは CSV です。

　次に、e-GOV データポータルに掲載されている「鉄軌道駅施設に関するデータ」から取得した駅の所在図を示します。円のサイズはプラットフォームの数、つまり駅の規模を示しています。前章同様 Plotly を用いているので、インタラクティブマップです。ベースの地図は carto-positron です。

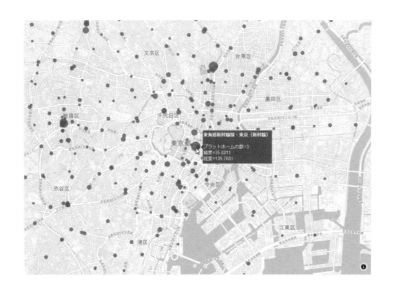

　同じ駅名であっても、個別に記載されている駅は複数のマーカーで表示されます。たとえば、新宿駅は JR 各線、京王線、小田急線、東京メトロ丸の内線、都営大江戸線、都営新宿線の 6 つに分けて表示されます。ズームアウトした状態だと上図のように重なりますが、ズームインすると微妙に違う位置にプロットされます。

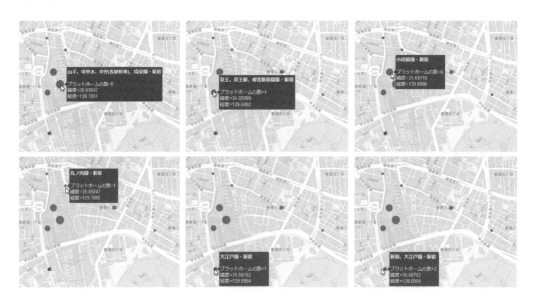

　蛇足ですが、筆者は「鉄軌道」なる語を初めて見ました。日本民営鉄道協会さんの言うには、「鉄道は、専用のレールを使って高速で車両を走らせ、人または貨物を運ぶための輸送システムで

す。一方、軌道は路面電車を運行するためのシステムであり、お互いに目的や性格は異なります。ただし、輸送統計などでは、『鉄軌道部門』として一体的に取り扱われることもあります」だそうです。

■ ターゲット

デジタル庁が運営している e-GOV データポータルは、ポータルと名付けられていることからわかるように、各官公庁のオープンデータへのリンク集です。次に URL を示します。

```
https://data.e-gov.go.jp/
```

中央の［データセット＞］をキーワードを入れずにクリックすると、検索なしで全データセットを表示します。現在、約 2 万件が登録されています。

検索機能および左パネルのカテゴリ別絞り込みは、妙なこだわりがあるようで一見さんには使いこなせません。さすがはデジタル庁です。適当にぶらついて、おもしろそうなものに偶然出くわすのを期待するしかありません。

　本章で取り上げる「鉄軌道駅施設に関するデータ」は、たまたまそうした散策から見つけたものです。この題名を検索にかけてもそのものずばりは出てこないので、「公共交通施設に関するバリアフリー情報」で検索します。何でそうなるの、と言いたいところですが、もとが国土交通省のバリアフリー関連事業で生成されたデータのサブセットだからのようです。Google で検索した方が早いです（おお、そう来るか）。直接の URL は次の通りです（MLIT は国土交通省の英名での略称です）。

```
https://data.e-gov.go.jp/data/ja/dataset/mlit_20160325_0033
```

　データソースの国土交通省の「歩行者移動支援サービスに関するデータサイト」からも同じ情報が取得できます。何で題名が違うの、という疑問をとりあえず脇に置けば、説明文もあり、一覧性はこちらのほうがよさそうです（検索機能に他者にはわからないこだわりがあるのはデジタル庁と同じですが）。URL は次の通りです。

```
https://www.hokoukukan.go.jp/metadata/detail/22
```

e-GOV に話を戻します。いくつかあるデータセットのうち、本章で用いるのは「鉄道軌道施設に関するデータ」と題された JR、私鉄、地下鉄の 3 つの CSV データです。JR のものをクリックすると、次のページに遷移します。

上端に示された URL が本書のターゲットです。基幹部分はいずれも共通の https://www.hokoukukan.go.jp/download/ です。ファイル名部分とレコード数（先頭の列見出しを除く行数）を次に示します（データは執筆時点のもの）。

分類	ファイル名	レコード数
JR	mlit_jr_sta.csv	1282
私鉄	mlit_pr_tram_sta.csv	1201
地下鉄	mlit_metro_sta.csv	611

CSV なので、ブラウザからアクセスすれば（通常は）ファイルをローカルに保存、あるいは Excel 等のスプレッドシートアプリケーションを開いてくれます。次に、JR のものを示します。横に長い（34 列ある）ので大半の列を非表示にしています。

総駅数は上記を合計すると 3144 です。財団法人 国土地理協会が示す 9167 駅の 1/3 程度しかありませんが、これはもとデータがバリアフリー事業に関係した駅だけを選択的に掲載しているからです。本章の目的は駅名の網羅ではないのでご了承ください。

12.2 方法

■ 手順

CSV の取得から、インタラクティブマップの表示までの手順を次に示します。括弧に示したのは、そのステップで用いる Python の外部ライブラリです。矢印脇は前のステップが出力し、次のステップに入力されるデータです。

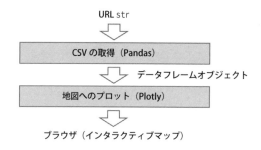

最初の CSV 取得ステップの基本は第 7 章と同じです。Pandas パッケージで HTTP アクセス、CSV の分解、複数の表（DataFrame）の結合をすべて処理します。次の地図のステップは第 11 章ほぼそのままです。マーカーサイズが指定の列のデータに応じて変化するところが違いますが、これはキーワード引数を 1 つ追加で指定するだけです。

大筋はシンプルですが、データが揃っていないため、次に説明するようにいろいろと細事に対処しなければなりません。オープンデータの品質は必ずしもよいわけではないので、こうした個別対応はスクレイピングにつきものです。

■ 抽出する列

3 つの CSV ファイルの列構成は（だいたい）同じです。使用する列を次に示します（スプレッドシート例は JR のもの）。列番号は Excel 等のアルファベットによるインデクシングのものと、0 からカウントしたときの数値（DataFrame.iloc[:, n] で使う値）で示しています。

	A	B	C	D	I	AF	AG	AH
1	鉄道事業者名	鉄道駅の名称	路線名	単位	プラットホームの数	緯度	経度	場所情報コード
2	北海道旅客鉄道	函館	函館	線	4	41.77398	140.72649	00001B00000000030B793BA6A6D4FFC0

列名	列番号（Excel）	列番号（数値）	例
鉄道駅の名称	B	1	函館
路線名	C	2	函館
単位	D	3	線
プラットホームの数	I	8	4
緯度	AF	31	41.77398
経度	AG	32	140.72649

　地図のポップアップで表示する駅名は鉄道駅の名称、路線名、単位を連結して作成します。上記の例なら「函館線・函館」です。たいていはうまくいきますが、単純連結なので「総武（各駅停車）線」や「東海道本線線」のようなものも出てきます。路線名が「本」しかないところもあり（阪神）、その場合は「本線・梅田」のようにどこだかわからない駅名になります。複数が乗り入れている駅の路線名は列挙になっているため、「山手、京浜東北、常磐、東北、高崎、東北新幹、上越新幹、北陸新幹、山形新幹、秋田新幹線・上野」です。日本語としては微妙ですが、個別対応は困難なので、あきらめます。

　プラットフォームの数、緯度、経度は CSV 中も数値で記述されているので、Pandas にもそのように解釈されます。

■ 文字エンコーディングについて

　ターゲットの CSV の文字エンコーディングは Shift_JIS です。

　Pandas の読み込みメソッドには文字エンコーディングの抽出あるいは推定の機能が備わっていないので、適切な文字エンコーディングを指定しないと例外が上がります（デフォルトは UTF-8）。JR の CSV を試します。

```
>>> import pandas as pd
>>> url_jr = 'https://www.hokoukukan.go.jp/download/mlit_jr_sta.csv'
>>> table_jr = pd.read_csv(url_jr)                    # エンコーディング指定なし
Traceback (most recent call last):
  File "<stdin>", line 1, in <module>
    ⋮
  File "pandas/_libs/parsers.pyx", line 1965,
    in pandas._libs.parsers.raise_parser_error
UnicodeDecodeError: 'utf-8' codec can't decode byte 0x93 in position 0:
  invalid start byte
```

12

Requests を間に挟む手も考えられますが、残念ながらこちらも失敗します。HTTP 応答ヘッダの Content-Type フィールドに文字エンコーディング情報がないからです。

```
>>>    import requests
>>>    resp = requests.get(url_jr)
>>>    resp.encoding                          # デフォルト
'ISO-8859-1'
>>>    resp.headers.get('Content-Type')        # エンコーディング情報なし
'text/csv'
```

resp.apparent_encoding あるいは chardet.detect() から文字エンコーディングを推定できればよいのですが、これらも失敗します。次のテストで示される「Windows 1253」は Microsoft のコードページ名で、ISO-8859-7 に近い（一致ではない）ギリシャ文字セットです。まったく見当違いです。

```
>>>    resp.apparent_encoding
'windows-1253'
```

こうなるとハードコーディングしか手はありません。相手は官公庁のスプレッドシートなので、Shift_JIS 一択でもだいたい当たると信じましょう。

```
>>>    table_jr = pd.read_csv(url_jr, encoding='Shift_JIS') # Shift_JIS指定
>>>    table_jr.shape                          # 読める
(1282, 34)
```

JR からは 1282 行 34 列が抽出されました。

■ 不正な文字について

ソースデータには一部、Python では変換できない不正な文字が含まれています。たとえば、私鉄の CSV を Pandas で読み込もうとすると、次のように例外が上がります。

```
>>>    url_pr = 'https://www.hokoukukan.go.jp/download/mlit_pr_tram_sta.csv'
>>>    table_pr = pd.read_csv(url_pr, encoding='Shift_JIS')
Traceback (most recent call last):
  File "<stdin>", line 1, in <module>
   ⋮
```

```
UnicodeDecodeError: 'shift_jis' codec can't decode byte 0xfa in position 63899:
  illegal multibyte sequence
```

　ここでは、エラーは無視することで対処します。これには、pd.read_csv() メソッドの encoding_errors キーワード引数からエラーとそのデータを除外するように指示します。

```
>>> table_pr = pd.read_csv(url_pr, encoding='Shift_JIS', encoding_errors='ignore')
>>> table_pr.shape                                    # 読める
(1201, 105)
```

　ちなみに、この 63899 バイト目は京王線笹塚駅の「塚」です。無視されるため、笹塚駅は「笹」としか示されません。

　なお、Shift_JIS がネイティブな Excel で読み込むと、笹塚は正しく表示されます。

■ 半角カナについて

　駅名に半角カナが用いられているものもあります。たとえば、私鉄 CSV に含まれている南海の「りんくうﾀｳﾝ」や阪神の「尼崎ｾﾝﾀｰﾌﾟｰﾙ前」です。
　あらゆるところで問題となる半角カナですが、Unicode では U+FF65 から U+FF9F の間で定義されているので、問題は生じません。試しに、半角カナ一覧を出力します。

```
>>> kana = ''.join([chr(c) for c in range(int(0xff65), int(0xffa0))])
>>> kana
'･ｦｧｨｩｪｫｬｭｮｯｰｱｲｳｴｵｶｷｸｹｺｻｼｽｾｿﾀﾁﾂﾃﾄﾅﾆﾇﾈﾉﾊﾋﾌﾍﾎﾏﾐﾑﾒﾓﾔﾕﾖﾗﾘﾙﾚﾛﾜﾝﾞﾟ'
```

　表示するだけなので、これらはそのまま利用します。

ちなみに、半角カナは Python 標準ライブラリの unicodedata モジュールの normalize() メソッドで全角に直せます（同機能のものは Pandas にもあり、Series.str.normalize() です。中身は標準ライブラリです）。

```
>>>   import unicodedata
>>>   unicodedata.normalize('NFKC', kana)
'・ヲァィゥェォャュョッーアイウエオカキクケコサシスセソタチツテトナニヌネノハヒフヘホマ
ミムメモヤユヨラリルレロワン'
```

unicodedata.normalize() メソッドの第 1 引数には Unicode 文字を正規化（変換）する方法を指定しますが（第 5 章の janome.charfilter のところで少しだけ触れました）、とりあえずは NFKC でよいでしょう。第 2 引数には変換対象の文字列です。

■ 列名について

データの抽出には列名を指定しなければなりませんが、I 列目（9 番目。0 からカウントすると 8 番目）の「プラットフォームの数」に余分なスペースが含まれているところには注意が必要です。列名を確かめます。

```
>>>   table_jr.columns[8]
'プラットホームの数\u3000\u3000\u3000'
```

U+3000 は全角スペースです（Ideographic Space）。DataFrame で列名を指定するときに「プラットフォームの数　　　」とスペース 3 つ込みの文字列を使えば問題はありませんが、間違えやすいです。そこで、利用に先立って列名を整形します。文字列前後のスペース除去なら str.strip() です。

```
>>> table_jr.columns[8].strip()
'プラットホームの数'
```

全角スペースは私鉄、地下鉄の「プラットフォームの数」にも含まれています。

■ 余分な行

地下鉄 CSV には最後に集計結果の行が含まれています。

	A	B	C	D	E	F	G	H	I	J	K	L	M
1	鉄道事業者名	鉄道駅の名	路線名	単位	都道府県	市	町村	段差への	プラットホ→	段差が解消	エレベータ	単位	移動等円滑化基:
612	福岡市交通局	渡辺通	3号	線	福岡県	福岡市	中央区	○		1	1	2	基	2
613	福岡市交通局	天神南	3号	線	福岡県	福岡市	中央区	○		1	1	2	基	2
614		(合計)									33		33

これは不要なので削除します（だいたい、私鉄のエレベータの数あるいは駅名を足しても 33 に
はなりませんから、意味ありません）。この行には緯度経度が含まれていないので、必須データの
ない行を削除するときに同時に削除されます。

■ 余分な列

私鉄 CSV には空の列が含まれています。生の CSV から確認します。

```
$ head -n 1 /c/temp/mlit_pr_tram_sta.csv | iconv -f shift_jis -t utf8
鉄道事業者名,鉄道駅の名称,路線名,単位,都道府県,市,町村,段差への対応,プラットホームの数
,...,場所情報コード,,,,,,,,,,,,,,,,,,,,,,,,,,,,,,,,,,,,,,,,,,,,,,,,,,,,,,,,,,,,,,
,,,,,,
```

末尾のカンマ , の連続が空の列を示しています。Pandas はこれを読み込むと列名不明という名
の列名を付け、列データを NaN（Not A Number）で埋めます。試しに 100 列目を表示します。

```
>>> table_pr = pd.read_csv(url_pr, encoding='Shift_JIS', encoding_errors='ignore')
>>> table_pr.shape
(1201, 105)
>>> table_pr.iloc[:, 100]
0    NaN
1    NaN
2    NaN
3    NaN
4    NaN
```

12

```
      ..
1196    NaN
1197    NaN
1198    NaN
1199    NaN
1200    NaN
Name: Unnamed: 100, Length: 1201, dtype: float64
```

pd.read_csv() で読み込むと 105 列が抽出されます（意味のあるデータは 34 列目まで）。DataFrame.iloc のスライス機能を用いて 100 列目だけ（[:, 100] は 100 列目のすべての行という意味）を表示するとデータがすべて NaN で、列名に「Unnamed: 100」が自動的に割り当てられることがわかります。

本章では必要な列だけを抽出するので、そのときにこれらも除外されます。

■ セットアップ

本章で用いる外部パッケージの Pandas と Plotly はすでに導入済みです。まだならば、次の要領でインストールします。

```
pip install pandas
pip install plotly
```

12.3 スクリプト

■ スクリプト

e-GOV データポータルの「鉄軌道駅施設に関するデータ」の 3 つのデータセットから CSV データをロードし、記載されている駅名、プラットフォーム数、緯度、経度をインタラクティブマップにプロットするスクリプトを次に示します。

csv_geo.py
```
1  import sys
2  import pandas as pd
3  import plotly.express as px
4
```

```
 5
 6  def get_csv(urls):
 7      tables = []
 8      for url in urls:
 9          df = pd.read_csv(url, encoding='Shift_JIS', encoding_errors='ignore')
10          original_size = len(df.index)
11
12          stripped = {key:(key.strip()) for key in df.columns}
13          df.rename(columns=stripped, inplace=True)
14
15          df['鉄道駅の名称'] = df['路線名'] + df['単位'] + '・' + df['鉄道駅の名称']
16
17          df = df[ ['鉄道駅の名称', 'プラットホームの数', '緯度', '経度'] ]
18
19          df.dropna(axis='index', how='any', inplace=True)
20
21          print(f'Read {url}. Size {original_size} > {df.shape}', file=sys.stderr)
22          tables.append(df)
23
24      table = pd.concat(tables, axis='index')
25      print(f'{len(urls)} CSVs. Size: {table.shape}.', file=sys.stderr)
26      return table
27
28
29  def generate_map(table):
30      fig = px.scatter_mapbox(
31          data_frame = table,
32          lat = '緯度',
33          lon = '経度',
34          size = 'プラットホームの数',
35          hover_name = '鉄道駅の名称',
36          center = {'lat':35.6810, 'lon':139.7673},    # 東京駅
37          zoom = 12,
38          height = 768,                                # XGA
39          width = 1024
40      )
41      fig.update_layout(
42          mapbox_style='carto-positron',
43          margin={"r": 0, "t": 40, "l": 0, "b": 0},
44          title_text="JR鉄道駅とプラットフォームの数"
45      )
46
47      return fig
```

```
48
49
50
51  if __name__ == '__main__':
52      base_url = 'https://www.hokoukukan.go.jp/download/'
53      endpoints = ['mlit_jr_sta.csv', 'mlit_pr_tram_sta.csv', 'mlit_metro_sta.csv']
54      urls = [base_url + endpoint for endpoint in endpoints]
55      table = get_csv(urls)
56      fig = generate_map(table)
57      fig.show()
58      # fig.write_html('csv_geo.html')
```

■ 実行例

ホストマシン（ここでは Windows）上のコンソール／コマンドプロンプトから実行します。スクリプトのメイン部分（52、53 行目）に示されているように、宛先 URL はハードコーディングなので、引数はありません。URL は全部で 3 つ（JR、私鉄、地下鉄）あるので、順に取得します。

```
C:\temp>python csv_geo.py
Read https://www.hokoukukan.go.jp/download/mlit_jr_sta.csv. Size 1282 > (1274, 4)
Read https://www.hokoukukan.go.jp/download/mlit_pr_tram_sta.csv. Size 1201 > (1199, 4)
Read https://www.hokoukukan.go.jp/download/mlit_metro_sta.csv. Size 613 > (612, 4)
3 CSVs. Size: (3085, 4).
```

ダウンロード時の行数は 1282、1201、613 ですが、不要あるいは不正なデータを除いた整形後にはやや短くなります。もとデータは 34 列（あるいはそれ以上）で構成されていますが、必要なのは駅名、プラットホーム数、緯度、経度だけなので 4 列に削減されます。

インタラクティブマップの用法は第 11 章と同じです。58 行目のコメントを外せば csv_geo.html として HTML ファイルが保存されるのも同じです。サンプル画像は本章冒頭で示した通りです。

12.4 スクリプトの説明

■ 概要

スクリプトの説明をします。スクリプトファイルは csv_geo.py です。

必要なパッケージは Pandas（pd）と Plotly Express（px）だけです（2、3 行目）。

スクリプトには次の 2 つのメソッドを用意しました。

メソッド	使用ライブラリ	用途
get_csv()	pandas	指定の URL のリストから CSV をダウンロードし、整形して連結する。
generate_map()	plotly.express	緯度経度を地図にプロットし、ブラウザに表示する。

メイン部分（51 行目～）では、上記を記載順に呼び出し、最後に Plotly のグラフオブジェクトから表示をします。URL はハードコードしています（52 ～ 54 行目でベース URL とファイル名のリストを組み合わせます）。

■ get_csv

get_csv() メソッド（6 ～ 26 行目）は、URL リストから順にファイルをダウンロードし、整形します。整形処理は次の通りです。

- 列名の余分なスペースを取り除く（12、13 行目）
- 路線名、単位、鉄道駅の名称から「函館線・函館」のような路線＋駅名の文字列を作成し、これで鉄道駅の名称列を置き替える（15 行目）
- 必要な列（鉄道駅の名称、プラットホームの数、緯度、経度）だけを取り出す（17 行目）。
- 値が 1 つでも存在しない行があれば、それを削除する（19 行目）。

最後に、3 つの URL から得られた表（DataFrame）を結合した結果（24 行目）を、呼び出しもとに返します。

URL へのアクセスは pd.read_csv() から行います（9 行目）。用法は第 6 章で用いた pd.read_html() とほぼ同じです。違いは、文字エンコーディングに encoding='Shift_JIS' を強制し、エンコーディングエラー（たとえば京王線笹塚駅）が発生したときは encoding_errors='ignore' で無視するよう指示しているところです。

エラー処理のメカニズムには、標準ライブラリ codecs モジュールのエラーハンドラ機能が使わ

れています。デフォルトは strict（厳密）で、エラーがあるたびに UnicodeError 例外を上げます。他にも文字の置き換えする replace などがあるので、興味があれば Python ドキュメントの該当箇所を参照してください。

以下、地下鉄 CSV から実行例を例示します。

```
>>>  import pandas as pd
>>>  url_metro = 'https://www.hokoukukan.go.jp/download/' + 'mlit_metro_sta.csv'
>>>  df_metro = pd.read_csv(url_metro, encoding='Shift_JIS',
...  encoding_errors='ignore')
>>>  df_metro.shape
(613, 34)
```

613 行 34 列が読み込まれました。

■ 数値データが正しく解釈されたか確認

ここで用いる「緯度」、「経度」、「プラットホームの数　　　」（全角スペース３つが余分にある）のデータが数値として解釈されているかを確認します。

DataFrame から指定の列データを抽出するには、リスト同様、[] にその列名を書き込むだけです。緯度を試します。

```
>>>  df_metro['緯度']
0      43.10834
1      43.10010
2      43.08961
3      43.08165
4      43.07470
         ...
608    33.58055
609    33.58176
610    33.58407
611    33.58846
612         NaN
Name: 緯度, Length: 613, dtype: float64
```

末尾の dtype に float64 とあるので、64 ビット浮動小数点数として解釈されたことが確認できます。データ型だけなら、抽出した列の dtypes 属性をチェックします。

```
>>> df_metro['緯度'].dtypes
dtype('float64')
```

列指定の [] には列のリストも指定できるので、一気に３列を確認します（全角スペース３つは必要）。

```
>>> df_metro[['緯度', '経度', 'プラットホームの数        ']].dtypes
緯度                float64
経度                float64
プラットホームの数   float64
dtype: object
```

問題なしです。

■ 列名のスペースの除去

上記のように、全角スペースが含まれていても列名指定に支障はありません。残したままでもよいのですが、スクリプト中に ' プラットホームの数   ' という文字列が定義されていたら、そういう奇態な文字列があえて使われているとは思わないでしょう。普通はタイプミスを疑い、よかれと修正してしまい、エラーで悩みます。オリジナルの入力者のミスまで忠実になぞる必要はないので、除去します。

文字列の前後から余分な空白を除くには str.strip() です。

```
>>> df_metro.columns[8]                          # もとデータ
'プラットホームの数\u3000\u3000\u3000'
>>> df_metro.columns[8].strip()                  # 除去後
'プラットホームの数'
```

DataFrame の列名を変更するには、DataFrame.rename() メソッドを使います。columns キーワード引数に { 現行: 変更後 } の辞書を指定すれば、その通りに変更します。メソッドはデフォルトでは変更後の DataFrame を返しますが、操作対象の中身をそのまま変更するなら inplace キーワード引数に True をセットします。

```
>>> df_metro.rename(
...     columns={'プラットホームの数\u3000\u3000\u3000': 'プラットホームの数'},
...     inplace=True)
```

```
>>> df_metro.columns[8]
'プラットホームの数'
```

プラットホームの数以外にはスペースの混入した列はないようですが、すべての列名について
str.strip()をかけます。前後にスペースがなければ何もしないので、保険だと思ってください。
これには、変更指定辞書の{現行: 現行.strip()}を収容した辞書を内包表記で作成し（12行
目）、そこからDataFrame.rename()を実行します（13行目）。

```
>>> stripped = {key:(key.strip()) for key in df_metro.columns}
>>> stripped
{ # 現行              変換後
  '鉄道事業者名': '鉄道事業者名',
  '鉄道駅の名称': '鉄道駅の名称',
   ⋮
  'プラットホームの数\u3000\u3000\u3000': 'プラットホームの数',
   ⋮
  '場所情報コード': '場所情報コード'
}
```

■ 複数の列の値を集約

路線名、単位（「線」）、鉄道駅の名称いずれか1つだけでは駅の特定には不十分なので、これら
を連結して1つの列にまとめます。列データは加算演算子の+で集約できます。中黒点・のよう
なリテラルも指定できます。

```
>>> df_metro['路線名'] + df_metro['単位'] + '・' + df_metro['鉄道駅の名称']
0          南北線・麻生
1          南北線・北34条
2          南北線・北24条
3          南北線・北18条
4          南北線・北12条
            ...
608        3号線・薬院大通
609        3号線・薬院
610        3号線・渡辺通
611        3号線・天神南
612           NaN
Length: 613, dtype: object
```

　南北線や3号線では不十分とも考えられますが、鉄道事業者名まで入れると、乗り入れ路線の多い駅だと長くなりすぎます。

```
>>>  df_metro['鉄道事業者名'] + '／' + df_metro['路線名'] + df_metro['単位'] + \
...  '・' + df_metro['鉄道駅の名称']
0        札幌市交通局／南北線・麻生
1        札幌市交通局／南北線・北34条
2        札幌市交通局／南北線・北24条
  ⋮
```

　生成した文字列は新たな列として挿入もできますが、ここでは連結文字列で鉄道駅の名称の列の値を上書きします。上書きは、単純に代入です（15行目）。

```
>>>  df_metro['鉄道駅の名称'] = df_metro['路線名'] + df_metro['単位'] + \
...  '・' + df_metro['鉄道駅の名称']
>>>  df_metro['鉄道駅の名称']
0        南北線・麻生
1        南北線・北34条
2        南北線・北24条
  ⋮
```

■ 列の取り出し

　地図作製に必要なのは鉄道駅の名称、プラットホームの数、緯度、経度だけなので、これらを[]で抽出します。

```
>>>  df_metro[ ['鉄道駅の名称', 'プラットホームの数', '緯度', '経度'] ]
       鉄道駅の名称  プラットホームの数      緯度       経度
0      南北線・麻生        1.0  43.10834  141.33848
1      南北線・北34条       2.0  43.10010  141.34213
2      南北線・北24条       1.0  43.08961  141.34482
3      南北線・北18条       2.0  43.08165  141.34676
4      南北線・北12条       2.0  43.07470  141.34850
..        ...        ...      ...       ...
608    3号線・薬院大通     1.0  33.58055  130.39666
609    3号線・薬院         1.0  33.58176  130.40220
610    3号線・渡辺通       1.0  33.58407  130.40496
611    3号線・天神南       1.0  33.58846  130.40238
```

12 CSVの地理座標から地図を作成する

```
612      NaN        NaN        NaN        NaN

[613 rows x 4 columns]
```

　この結果は新規の DataFrame としてもよいのですが（df_metro_new = ...）、もとデータは不要なので、同じ df_metro に代入することで上書きしています（17行目）。

■ NaN の削除

　値がない行は不要ですし、Plotly のエラーの原因にもなります。上記では、最終行（合計が示されている）がそうです。NaN が含まれている行を削除するには、DataFrame.dropna() メソッドです（19行目）。

　キーワード引数 axis には縦横どちら方向で削除するのかを指定します。「index」（文字列）は NaN の含まれているセルを行（横）方向で削除します。「column」なら列（縦）方向です。how には、その方向に NaN がどれだけ含まれているなら削除するかを指定します。「all」はその方向のすべてセルが NaN なら削除、1つでも NaN 以外があれば保持です。ここで指定している「any」は、どれか1つでも NaN なら削除です。inplace は直接の置き換えか戻り値を返すかの選択です。

```
>>>   df_metro.dropna(axis='index', how='any', inplace=True)
>>>   df_metro
        鉄道駅の名称    プラットホームの数        緯度        経度
0      南北線・麻生        1.0  43.10834  141.33848
1      南北線・北34条      2.0  43.10010  141.34213
2      南北線・北24条      1.0  43.08961  141.34482
3      南北線・北18条      2.0  43.08165  141.34676
4      南北線・北12条      2.0  43.07470  141.34850
..        ...        ...       ...       ...
607    3号線・六本松       1.0  33.57760  130.37739
608    3号線・薬院大通      1.0  33.58055  130.39666
609    3号線・薬院        1.0  33.58176  130.40220
610    3号線・渡辺通       1.0  33.58407  130.40496
611    3号線・天神南       1.0  33.58846  130.40238

[612 rows x 4 columns]
```

　1行（最終行）減りました。

　あとは、3つの CSV に対する以上の結果を pd.concat() で結合するだけです（24行目）。用法は第6章と同じです。

216

■ generate_map

generate_map() メソッド（29 ～ 47 行目）では、Plotly の px.scatter_mapbox() で地図（Figure）を作成します。要領は第 11 章とまったく同じですが、マーカーのサイズを指定する size = ' プラットホームの数 ' が加わっているところだけが違います（34 行目）。これで、プラットフォームの数に応じてマーカーの円のサイズが変わります。

Figure.update_layout() メソッド（41 ～ 45 行目）も同じようなものです。ただ、前章ではそれぞれの属性設定につき毎回メソッドを呼び出していましたが、ここでは 1 回にまとめています。どちらでもわかりやすい方法で書いてください。

あとはメインで表示するだけです。

12

付 録

付録 **A**　やや高度な話題

本付録では、本文ではカバーしなかった諸問題に対応する方法、あるいは補足説明を示します。

A.1　ボット対策対応

■ アクセス拒否

requests.get() からの要求をボットからとして拒否する Web サイトがあります。次に例を示します。

```
>>> import requests
>>> iwanami = requests.get('https://www.iwanami.co.jp/')  # 岩波書店
>>> iwanami.status_code                                   # 403は拒否
403
>>> print(iwanami.text)
```

```
<html>
<head><title>403 Forbidden</title></head>
<body bgcolor="white">
<center><h1>403 Forbidden</h1></center>
<hr><center>nginx</center>
</body>
</html>
```

400番台のHTTP応答ステータスコードと「Forbidden」というメッセージから、Webサーバが意図的に要求を拒否していることがわかります。しかし、ブラウザではページが表示されます。

これは、WebサーバがHTTP要求フィールドをチェックし、要求を満たさなければ拒否するように設定されているからです。

■ 要求ヘッダを確認する

不足している要求ヘッダフィールドはrequests.get()のものと、正常に動作しているブラウザが発信しているものを比較することから特定します。Requests側の要求ヘッダはrequests.Response.request.headersから確認できます（requests.Response.headersは応答ヘッダです）。次に示すのは、デフォルト状態でrequests.get()が送信したヘッダです。

```
>>>  iwanami.request.headers                    # requests.Response.request.headers
{
  'User-Agent': 'python-requests/2.27.1',
  'Accept-Encoding': 'gzip, deflate',
  'Accept': '*/*',
  'Connection': 'keep-alive'
}
```

ブラウザ側は［ウェブ開発者ツール］や［デベロッパー ツール］などから調べます。次に示すのはFirefoxのものです。

　Requestsのものよりフィールドの数が多く、同じフィールドがあっても値が異なるなど、どれを変更すべきかは即座にはわかりません。残念ながら、アクセス拒否の規定はHTTPにはないので、手探りで必須ヘッダフィールドを探すしかありません。

　幸いなことに、一般的なHTMLページならたいていはUser-Agentです。拒否されたら、このフィールド値を適当なもので埋めてみます。相手がJSONテキストをやり取りするRESTサーバのときは、Content-TypeあるいはAcceptフィールドにapplication/jsonを指定するのが一般的です。このあたりを試してもダメなら、とりあえずすべて加えて試します。Cookieを除けば、加えて問題になるようなヘッダはそうありません。

　メインのページは取得できても、そこから参照されている画像等のリンクにはアクセスできないこともあります。この場合はRefererが怪しいです。

　次の図は、とあるWebサイトにアクセスしたときの［ウェブ開発者ツール］です。失敗しているのは画像ファイルアクセスなので、画像のアクセス記録を選択します。これによれば、デフォルトのrequests.get()では指定されないRefererが送信されています。この要求フィールドには、このリンクが掲載されていたページのURLを書き込みます。この場合、最初にrequests.get()ででアクセスしたトップページです。

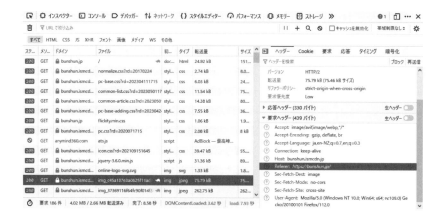

HTTP ヘッダフィールドの詳細は RFC 9110 を参照してください。

■ 要求ヘッダに情報を加える

　要求ヘッダにカスタムフィールドを加えるには、requests.get() メソッドの headers オプションから指定します。値はヘッダフィールド名と値からなる辞書（dict）です。次の例では、User-Agent フィールドの値を適当なものに変更しています。

```
>>>  headers = {'User-Agent': 'MyScrapingProgram/2.27.1'}
>>>  response = requests.get('https://www.iwanami.co.jp/', headers=headers)
>>>  iwanami.status_code
200
```

　HTTP 応答ステータスコードが 200 なので、アクセスは成功です。

A.2　HTTP タイムアウト対応

■ 例外が上がるのが遅い

　複数のリソースをまとめてダウンロードするときは（たとえば第 7 章）、HTTP アクセス例外でスクリプトが途中で落ちないよう、try-except を挟みます。問題は、例外が上がってくるまで延々と待ち続けなければならないところです。

　具体的にどれくらいかかるかを、Unix の time から確認します。コマンドラインでスクリプトを

記述するときは -c オプションを使います（スクリプト全体を単一引用符でくくるので、URL は二重引用符でくくります）。

```
$ time python -c 'import requests; requests.get("https://www.odakyu.co.jp")'
Traceback (most recent call last):
  ⋮
real    0m21.690s
user    0m0.078s
sys     0m0.109s
```

「real」とある行が実行に要した実時間（ヒトの待ち時間）です。仮に 100 個の URL の半分が例外を上げるとし、それらがこれと同じ 20 秒ちょっとだけ待たせるとしたら、例外待ち時間だけで 20 分です。そんなには待てません。

■ タイムアウト指定

そこで、一定以上時間がかかるなら諦めるように requests.get() の timeout キーワード引数から指示します。値は浮動小数点数（float）で、単位は秒です。この時間内に TCP/IP 接続が完了しない、あるいはサーバからのデータ送信の間隔がこの時間以上に空くと、get() が TimeoutError 例外を上げます。

```
$ time python -c 'import requests; requests.get("https://www.odakyu.co.jp", timeout=3)'
Traceback (most recent call last):
  ⋮
real    0m3.342s
user    0m0.141s
sys     0m0.109s
```

timeout=3 を指定したので、3 秒強で例外が上がりました。

timeout キーワード引数には浮動小数点数のタプルを指定することもできます。この場合、最初の値が TCP/IP 接続の、2 番目の値が無データ期間のタイムアウトを示します。

付録

A.3　怪しいサーバ証明書

■ セキュリティ上の懸念

　宛先の Web サイトのサーバ証明書が怪しければ（証明書が検証できない）、requests.get() は次に示すように例外を上げます。宛先に指定している badssl.com は、各種の無効 SSL をシミュレートする便利サイトです。

```
>>>   import requests
>>>   badssl = requests.get('https://expired.badssl.com/')
Traceback (most recent call last):
  File "/usr/lib/python3/dist-packages/urllib3/connectionpool.py",
    line 665, in urlopen
    httplib_response = self._make_request(
    ⋮
requests.exceptions.SSLError: HTTPSConnectionPool(host='expired.badssl.com', port=443):
Max retries exceeded with url: / (Caused by SSLError(SSLCertVerificationError(1,
    '[SSL: CERTIFICATE_VERIFY_FAILED] certificate verify failed:
    certificate has expired (_ssl.c:1123)')))
```

　終わりの方の例外メッセージから、SSL（TLS）の証明書（certificate）の有効期限が切れており（... has expired）、信頼のおけない相手だからと通信を切断したことがわかります。

　SSL/TLS と呼ばれる暗号化方式で通信路の安全性を確保しているサイトは、ブラウザに自身の身元を証する証明書を送信します。ブラウザはこの証明書が正当なものであるかを確認し、問題があれば次のようなページを表示することで、ユーザに注意を促します（図は Firefox のものです）。

■ あえて怪しいサイトに接続する

相手サーバが疑わしいと思われても、大丈夫だからと、非推奨の［詳細情報 ...］からあえてアクセスすることもあります。この「あえてアクセス」を選択することは、requests.get() では、verify キーワード引数に False を指定することで達成できます（言うまでもなく、デフォルトは True です）。

```
>>>  badssl = requests.get('https://expired.badssl.com', verify=False)
/usr/lib/python3/dist-packages/urllib3/connectionpool.py:999:
 InsecureRequestWarning: Unverified HTTPS request is being made to host
 'expired.badssl.com'. Adding certificate verification is strongly advised.
 See: https://urllib3.readthedocs.io/en/latest/advanced-usage.html#ssl-warnings
 warnings.warn(
>>>  response.status_code
200
>>>  response.text
'<!DOCTYPE html>\n<html>\n<head>\n  <meta charset="utf-8">\n ...'
```

冒頭にメッセージが表示されますが、これはエラーではなく「警告」です（末尾に warnings.warn とある）。したがって、処理そのものは成功裏に完了しています。その証拠に応答ステータスコードは 200 で、requests.Response.text には HTML テキストが収容されています。

この対応策は推奨できません。自家用／自社用内部サイト（もともとニセの証明書を使っていることが多い）だけに利用を限ってください。

■ badssl.com

上記で用いた https://badssl.com/ は、HTTPS の各種のエラーを試すサイトです。

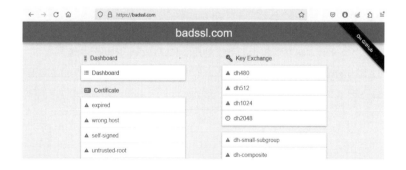

チェック項目を示すラベルの文字列をドメイン名の先に置けば、そのテストができます。有

効期限の切れた証明書を試すなら前記のように expired.badssl.com、取り消された証明書なら revoked.badssl.com です。

A.4　しつこい文字化け対策

■ グーテンベルグが文字化けしない理由

　日本語サイトによっては、第4章で見たように文字化けが発生します。しかし、第2章や第3章のグーテンベルグの UTF-8 テキストをロードしたときには、（マルチバイト文字が用いられているにもかかわらず）文字化けしませんでした。この違いは、サーバがクライアントに返す HTTP 応答ヘッダに文字コード情報が示されているか否かからきています。

　カットシステムの出版目録から確認します。HTTP 応答ヘッダは requests.Response オブジェクトの headers に辞書（dict）形式で収容されています。

```
>>>  import requests
>>>  resp = requests.get('https://www.cutt.co.jp/book/index.html')
>>>  resp.headers
{
  'Server': 'nginx',
  'Date': 'Wed, 22 Mar 2023 01:37:11 GMT',
  'Content-Type': 'text/html',                          # エンコーディング情報なし
  'Content-Length': '268801',
  'Connection': 'keep-alive',
  'Last-Modified': 'Fri, 03 Mar 2023 08:42:31 GMT',
  'ETag': '"41a01-5f5faed096bc0"',
  'Accept-Ranges': 'bytes'
}
```

　どこにも文字エンコーディング情報がありません。HTTP ボディがテキストなら、Content-Type ヘッダフィールドの charset 属性に示されているものです。requests.get() は HTML 応答ヘッダに文字エンコーディング情報がなければ、デフォルトとして ISO-8859-1（西欧文字）を用います[†]。

[†]　Requests は、このデフォルト動作は HTML/1.1 仕様書の RFC 2616 Section 3.7.1（1999 年）にもとづくと述べています。しかし、最新仕様の RFC 9110 および 9112（2022 年）からはその記述が削除されています。

```
>>>  resp.encoding                                          # デフォルトエンコーディング使用
'ISO-8859-1'
```

グーテンベルグの『アリス』も試します。

```
>>>  alice = requests.get('https://www.gutenberg.org/cache/epub/11/pg11.txt')
>>>  alice.headers
{
  'Date': 'Tue, 21 Mar 2023 22:22:53 GMT',
  'Server': 'Apache',
  'Content-Location': 'pg11.txt.utf8',
  'Vary': 'negotiate',
  'TCN': 'choice',
  'Last-Modified': 'Wed, 01 Mar 2023 08:32:25 GMT',
  'Accept-Ranges': 'bytes',
  'Content-Length': '174280',
  'Content-Type': 'text/plain; charset=utf-8'              # エンコーディング情報あり
}
```

文字エンコーディングが Content-Type 応答ヘッダフィールドの情報にもとづいて正しく設定されています。

```
>>>  alice.encoding                                         # 正しい
'utf-8'
```

■ なぜ HTTP ヘッダに文字エンコーディング情報がない？

文字エンコーディング情報を HTTP ヘッダに示さないのは、最近のトレンドのようです。実際、市場占有率の高い Web サーバの NGINX では、charset を含まないのがデフォルトです。

他のサイトもチェックします。requests.get() でアクセスし、Content-Type HTTP 応答ヘッダの値と encoding 属性をタプルで表示します。

```
>>>  r = requests.get('https://www.jreast.co.jp/')          # JR東日本
>>>  (r.headers['Content-Type'], r.encoding)
('text/html;charset=utf-8', 'utf-8')

>>>  r = requests.get('https://www.tokyu.co.jp/')           # 東急電鉄
```

```
>>>  (r.headers['Content-Type'], r.encoding)
('text/html', 'ISO-8859-1')
```

　最初の例（JR 東日本）は Content-Type に charset を含んでいるので、正しく UTF-8 であると認識されます。次の例（東急）は Content-Type はあっても charset が不在なので、デフォルトの ISO-8859-1 にフォールバックしています。前者が正しく、後者がずさんというわけではありません。Content-Type に charset が含まれていた方が親切には違いありませんが、必須ではありません。

　Web アクセス時の HTTP 応答ヘッダは、Web ブラウザの開発者モードでも確認できます。次の画面は Firefox のもので、応答ヘッダは画面の右下のパネルに表示されています。

■ ブラウザが文字化けしない理由

　同じページを Web ブラウザからアクセスしたときは文字化けしません。これは、ブラウザは HTTP ヘッダではなく、HTML 本体に示されたエンコーディング情報を利用するからです。

　先ほど取得したカットシステム書籍一覧ページ（resp.text）の先頭にある HTML のヘッダ部分から確認します（先頭の 66 文字）。メタタグの <meta charset="UTF-8"> がそれです。

```
>>>  resp.text[:66]
'<!DOCTYPE html>\n<html lang="ja">\n\n<head>\n  <meta charset="UTF-8">\n'
```

■ Requests のしつこい文字化け

Response.apparent_encoding が背後で用いているのは、Chardet という文字エンコーディング「推定」エンジンです[†]。文字データのパターンからの推定なので、紛らわしいものについては誤認識をすることもあります（第12章参照）。

apparent_encoding が正しい文字エンコーディングを示さず文字化けするときは、ブラウザと同じように、ロードした HTML テキストから属性に charset の含まれる <meta> タグを抽出します。

抽出には、Beautiful Soup の find() メソッドが使えます。<meta> タグはいくつもあるので、charset 属性を含むものだけを抽出します。これには、キーワード引数属性 =True を使います。つまり charset=True です。

```
>>>   from bs4 import BeautifulSoup as bs
>>>   soup = bs(resp.text, 'html.parser')
>>>   soup.find('meta', charset=True)                    # メタタグ抽出
<meta charset="utf-8"/>
>>>   soup.find('meta', charset=True).get('charset')     # charset属性値抽出
'UTF-8'
```

bs4 実行時点の文字エンコーディングはデフォルトの ISO-8859-1 ですが、HTML ヘッダは ASCII で記述されるので、マルチバイト文字が化けていても問題ありません。

正規表現の re を使うならこうです。

```
>>>   import re
>>>   re.search(r'<meta\s+charset=\"([\w_\-]+)\"', resp.text, flags=re.I).group(1)
'UTF-8'
```

この正規表現（英数文字、アンダースコア、ハイフン）以外の文字も charset の値で使われます。ここでは一般的なエンコーディング文字列だけを対象として簡略化していますが、より精緻な抽出が望みなら、RFC 5987 で定義されている使用可能な文字セットを参照してください。現在定義されている文字エンコーディング文字列のリストは次に URL を示す IANA の「Character Sets」から参照できます。

```
https://www.iana.org/assignments/character-sets/character-sets.xhtml
```

[†]　apparent_encoding の見かけはオブジェクト属性ですが、内部で Chardet を呼び出します。定数値ではないので、判定処理にやや時間がかかります。複数回アクセスする必要があるときは、変数に退避しておくとよいでしょう。

Requests には requests.utils.get_encodings_from_content() というユーティリティメソッド
もあり、引数にテキスト（resp.text）を指定すると、文字エンコーディング文字列を収容したリ
ストを返してくれます。ソースコードは上記とおなじで、<meta> に収容された情報を正規表現で
抽出しています。これを使うのも手ですが、バージョン 3.0 から削除される予定なので、使用は控
えたほうがよいでしょう（実行すると非推奨化警告が上がります）。

```
>>>    requests.utils.get_encodings_from_content(resp.text)
['utf-8']
```

A.5 並列アクセス

■ 直列アクセスは遅い

第 7 章では、30 個程度の画像データを逐次的にダウンロードしました。逐次的とは、1 つの画
像アクセスが終了しなければ、次のアクセスは開始しないという意味です。つまり、HTTP アクセ
スは常に 1 つです。このような処理方法を直列的と言います。直列処理のスクリプトは簡単です
が（requests.get() のループだけです）、実行が遅いというデメリットがあります。筆者の環境で
は、30 弱の画像をロードするのに約 30 秒を費やしました。

これに対し、ブラウザは複数のリソース（ページに埋まっている画像や CSS や JavaScript のデ
ータ）に同時にアクセスすることで、処理時間を短くしています。これを並列処理と言います。並
列処理の様子は、ブラウザの開発ツールから見ることができます。次の図は、https://www.cutt.
co.jp/ にアクセスしたときのものです（Firefox。画像がキャッシュにあると再アクセスはしない
ので、この図を得るにはキャッシュクリアが事前に必要です）。

1 行目がメインページ（/）です。ブラウザはページをダウンロードすると、画像や CSS のリン
クを抽出します。解析が終わるまでは他にアクセスはできないので、この時点では HTTP アクセ

スは最初は 1 本だけです。しかし、完了すれば、これらのリンクに対して同時にアクセスを開始します。2 行目以降の横棒グラフがすべてほぼ同時にスタートしているのはそのためです。

■ 並列処理

並列処理をさせるには、それぞれの HTTP アクセスのタスクを異なるスレッドに渡します。

スレッドは CPU 内部のプチ CPU みたいなもので、他と独立して動作することのできる単位です（細かいことは気にしない）。メインプログラムはスレッドにタスクを渡すと、あとは終わりの通知が来るまで放置し、別の処理を始めます。スレッドはタスクを完了すると、その旨、メインに報告します。言ってみればメインは管理職で、下っ端に仕事を投げ、終わったら「うむ」と言って結果を受け取るだけです。実際の仕事は下っ端がやります。下っ端が多いほど、早く仕事が終わります（理論上は）。

このスレッド操作（マルチスレッディング）は、Python では concurrent.futures.ThreadPoolExecutor から行います。

```
>>>   from concurrent.futures import ThreadPoolExecutor
```

HTTP アクセスのタスクは、次のようにメソッドにまとめておきます。もっとも、requests.get() をラップしただけです。デモなので HTTP 応答コードしか返しませんが、実際には resp.content バイト列やそれを PIL.Image にしたオブジェクトを返すようにします。

```
def get_img(link):
    try:
        resp = requests.get(link)
        return resp.status_code
    except:
        return None
```

■ タスクをスレッドに渡し、結果を得る

まず、スレッドを管理する実行器を用意します。このとき、ファイルオープンの open() でおなじみの with を使うと、終了処理が楽です。

```
>>>   with ThreadPoolExecutor() as executor:
```

付
録

用意ができたら、実行器（上記の executor）にタスク（メソッド）を送ります。「ほい、これやっとけ」というやつです。これには、ThreadPoolExecutor の submit() メソッドを使います。

```
...    future = executor.submit(get_img, 'https://www.cutt.co.jp/')
```

第1引数には実行タスクのメソッド（メソッドだけなので、実行を意味する () は付けない）、第2引数以降にそのメソッドに引き渡す引数を指定します。ここでは、URL 文字列です。戻り値の future は、concurrent.futures.Future というクラスのオブジェクトで、実行タスクを表現するものです（細かいことは気にしない）。

上記を実行すると、インタラクティブモードが一瞬停まります。with を使っていると、タスクの引き渡しとその終了まで制御が戻らないからです。戻ってきたら、処理は終わりです。終わったかは、Future オブジェクトの done() メソッドから確認できます。終わっていれば True が返ってきます。

```
>>>   future.done()
True
```

メソッド（タスク）の結果は result() メソッドから得られます。この場合は、get_img() が返す HTTP 応答コードです。

```
>>>   future.result()
200
```

■ たくさん実行するスクリプト

1つだけのタスクを渡してもありがたみがないので、複数の画像を一気に取得します。リンク取得は第7章と同じで、requests.get() で HTML ページをダウンロードし、Beautiful Soup で <img src="xxx"> のリンクを読み取ります。

実行速度を比較するため、直列型のアクセスメソッドも用意しました。スクリプトファイル名は misc_concurrency.py で次の通りです。

```
misc_concurrent.py

 1  from concurrent.futures import ThreadPoolExecutor
 2  from urllib.parse import urljoin
```

```
 3  import sys
 4  from timeit import timeit
 5  from bs4 import BeautifulSoup as bs
 6  import requests
 7
 8
 9  def get_links(url):
10      resp = requests.get(url)
11      soup = bs(resp.text, 'html.parser')
12      img_tags = soup.find_all('img')
13      links = [img.get('src') for img in img_tags]
14      links = [urljoin(resp.url, u) for u in links]
15      links = list(set(links))
16
17      print(f'{len(links)} images found.', file=sys.stderr)
18      return links
19
20
21  def get_img(link):
22      try:
23          resp = requests.get(link)
24          return resp.status_code
25      except:
26          return None
27
28
29  def serial(links):
30      results = []
31      for link in links:
32          results.append(get_img(link))
33
34      print(results)
35
36
37  def concurrent(links):
38      with ThreadPoolExecutor() as executor:
39          futures = []
40          for link in links:
41              fut = executor.submit(get_img, link)
42              futures.append(fut)
43
44      print([fut.result() for fut in futures])
45
```

```
46
47
48   if __name__ == '__main__':
49       links = get_links(sys.argv[1])
50
51       result = timeit('serial(links)', globals=globals(), number=1)
52       print(f'Serial: {result}')
53
54       result = timeit('concurrent(links)', globals=globals(), number=1)
55       print(f'concurrent {result}')
```

9 〜 18 行目の get_links() は第 7 章と変わりません。21 〜 26 行目の HTTP アクセスタスク
メソッドはすでに説明しました。

29 〜 34 行目の serial() はリンクのリストを得て、応答コードのリストを返します。単純なル
ープなので、直列的に HTTP GET を実行します。

37 〜 44 行目の concurrent() は並列版です。with の内部には executor.submit() を繰り返す
ループがあり、これでリンクの数だけのスレッドを起動します。Future は配列の形で保持します
(39、42 行目)。あとは、すべてのスレッドが完了したところで、結果 (Future.result()) をま
とめて示します。

48 行目〜のメイン部分では、リンクのリストを取得し、直列版と並列版を逐次的に実行してい
ます。実行速度の計測には timeit.timeit を使っています。引数には実行したい Python 文の「文
字列」を指定します。あと、この文字列が参照しているメソッドや変数にアクセスできるように
globals() メソッドから得るグローバル参照を globals キーワード引数に渡しておきます。number
キーワード変数は実行文の繰り返し回数で、ここでは 1 回だけです。実行時のリソース状況によ
ってそれぞれの実行時間が変動するので、何回かの実行の平均を取るのが正統的な計測方法です
が、ここでは端折ります。

■ 並列は早い

では、実行します。

```
$ misc_concurrent.py https://www.cutt.co.jp
28 images found.
[200, 200, 200, 200, 200, 200, 200, 200, 200, 200, 200, 200, 200, ... ]
Serial: 28.531360900000436
[200, 200, 200, 200, 200, 200, 200, 200, 200, 200, 200, 200, 200, ... ]
concurrent 3.939593299997796
```

直列 29 秒に対し、並列 4 秒です。

並列処理は、Ramalho 著『Fluent Python』、オライリー・ジャパン（2017）の第 17 章に詳しいです。

A.6　Beautiful Soup と CSS/JavaScript

■ html.parser と html5lib の違い

HTML を解析するという点では html.parser と html5lib に違いはありませんが、挙動はやや異なります。本書の範囲内では、get_text() メソッドが前者では <style> や <script> などコードを含むタグを含まないのに対し、後者ではそれらをテキストとして抽出します。

次の HTML を考えます（ファイルは misc_js_css.html）。

```
misc_js_css.html
1   <html>
2    <head>
3     <style>
4       div {
5         width: 536px;
6         height: 116px;
7         background-image: url('https://www.cutt.co.jp/toppage/cuttytle_top.png');
8       }
9     </style>
10   </head>
11   <body>
12    <div>Div block</div>
13    <p>Image: <img id="sample"></p>
14
15    <script>
16      let image_base = 'https://www.python.org/static/img/';
17      document.getElementById('sample').src = image_base + 'python-logo.png';
18    </script>
19   </body>
20  </html>
```

ブラウザで表示すれば次のようにテキストと画像が 2 つずつ表示されます。画像は、上は CSS から、下は JavaScript から表示されています。

これを html.parser に通すと、12 行目の `<div>` と 13 行目の `<p>` に囲まれた文字列だけを抜き出します。つまり、上図の可読文字列部分だけです。次の実行例では、\n で実際に改行させるために print() を通します（余分な空行は手で除いています）。

```
>>>    from bs4 import BeautifulSoup as bs
>>>    with open('misc_js_css.html') as fp:           # ファイルを開く
...        text = fp.read()
...
>>>    soup1 = bs(text, 'html.parser')                # html.parserでbsを作成
>>>    print(soup1.get_text())                        # <div>と<p>のみ
Div block
Image:
```

これに対し、html5lib は 4 ～ 8 行目の `<style>` 内の CSS と 16、17 行目の `<script>` の JavaScript コードもテキストとして抽出します。

```
>>>    soup2 = bs(text, 'html5lib')
>>>    print(soup2.get_text())
    div {
      width: 536px;
      height: 116px;
      background-image: url('https://www.cutt.co.jp/toppage/cuttytle_top.png');
    }
  Div block
  Image:
    let image_base = 'https://www.python.org/static/img/';
    document.getElementById('sample').src = image_base + 'python-logo.png';
```

テキスト解析が目的なら、夾雑物が入らない html.parser を使った方がよい効果が得られるでしょう。

■ CSS/JavaScript の情報の取得

html.parser、html5lib のどちらでも、<style> や <script> の囲まれた文字列は単なるテキスト
として扱われます。先ほど生成した BeautifulSoup オブジェクトの soup1 から <style> タグの中身
を確認します（soup2 でも結果は同じ）。

```
>>>  soup1.find('style').string                         # html.parser
"\n    div {\n        width: 536px;\n    height: 116px;\n      background ... "
```

find() メソッドは本文で用いている find_all() のシングル版で、最初に現れる指定のタグ（Tag
オブジェクト）を抽出します。そして、そのタグの string 属性にタグの間に含まれているテキス
トが収容されています。どちらの解析器でも結果は単なるテキストなので、Beautiful Soup はこれ
以上分解しません。つまり、Beautiful Soup の枠組み内では URL は抽出できません。

CSS サイドでは、URL が url() のカッコに示されるという文法に依拠すれば、強引ながらも正
規表現で抽出できないこともありません。

```
>>>  re.search(r'url\((.+?)\)', text).group(1)
"'https://www.cutt.co.jp/toppage/cuttytle_top.png'"
```

しかし、この手は JavaScript では使えません。<script> の中身を抽出します（結果は同じなの
で html.parser の方のみ）。

```
>>>  print(soup1.find('script').string)
    let image_base = 'https://www.python.org/static/img/';
    document.getElementById('sample').src = image_base + 'python-logo.png';
```

1 行目のベース URL と 2 行目のファイル名を連結しなければならないことは、JavaScript を読
まなければわかりません。そして、JavaScript のインタプリタを Python で組むのは、上記のよう
にシンプルなパターンだけであってもかなり困難です。

A.7　東京都オープンデータ API

■ 東京都オープンデータカタログ

　第 11 章では、東京都オープンデータのなかでも「オープンデータ API について」と題されたページのデータセットを利用しました（https://portal.data.metro.tokyo.lg.jp/opendata-api/）。そこには 13 セットしかありませんでしたが（執筆時点）、次に示す東京都オープンデータカタログサイトにはより多くのデータセットが掲載されています。こちらの方がメインのページです。

```
https://portal.data.metro.tokyo.lg.jp/
```

　上部メニューの［API を探す］をクリックすれば、そこから約 3 万 7 千種類のデータセットにアクセスできます。

　上図の「フォーマット」に示されているように、これらの API からは JSON または XML 形式のデータがダウンロードできます。しかし、POST でアクセスするように設計されているため、requests.get() を用いた本文の方法では対応できません。もちろん、GET しかできないブラウザ

からでも直接にはアクセスできません。

本付録では、この東京都オープンデータカタログの用法を示します。

■ API の用法

以下、次に示す「東京の土地2020（土地関係資料集）表1－3－1　都内の新規分譲マンションの動向」を例に用法を説明します。［API を探す］ページの上の方に出てきます。

中段の「API」欄にある「ベース URL」が基底 URL（スキームと権限元）です。パス部分（エンドポイント）は「POST」とある枠内に示されています。これらを連結すれば、アクセス可能な絶対 URL が得られます。この場合は次の通りです。

> https://service.api.metro.tokyo.lg.jp/api/t000008d0000000034-a9adcfc53cc41afca307eb
> 0484cad344-0/json

［POST］フィールド右端の∨をクリックすると、HTTP 要求に求められるパラメータが表示されます。

　最初の `limit` は、「query」と括弧書きで示されていることからわかるように、クエリ文字列から指定するパラメータです。ここから、取得するデータ要素の個数を整数で指定します。デフォルト（クエリ文字列がないとき）は 100、最大値は 1000 です。たとえば、先頭から 200 個を取得するときの URL は次のようになります。

```
https://service.api.metro.tokyo.lg.jp/api/t000008d0000000034-a9adcfc53cc41afca307eb
0484cad344-0/json?limit=200
```

　データの総数が `limit` より少なければ、当然ながら、そこまでしか取得しません。
　2 番目の `offset` もクエリ文字列で、取得を開始するデータの先頭番号を整数で指定します。デフォルトは 0 なので、先頭からです。`limit` の最大値は 1000 なので、データの数が 1000 個より多いときは複数回に分けてアクセスしなければすべては取得できません。そこで、先に 0 〜 999 を取得していたら、次には 1000 から取得するように指定します[†]。

```
https://service.api.metro.tokyo.lg.jp/api/t000008d0000000034-a9adcfc53cc41afca307eb
0484cad344-0/json?limit=1000                    # 0 〜 999
```

```
https://service.api.metro.tokyo.lg.jp/api/t000008d0000000034-a9adcfc53cc41afca307eb
0484cad344-0/json?limit=1000&offset=1000        # 1000 〜 1999
```

　`offset` 値がデータ総数以降を指し示してもエラーにはなりません（「200 OK」が返る）。ただし、メタデータはあるものので、本体のデータのない JSON テキストが応答されます（hits プロパティ値が空配列の [] となる）。

[†] Unix 環境で curl を使うときは、クエリ文字列で用いられるシェルの特殊記号（? や &）をエスケープします。たとえば、`\?limit=1000` です。

3番目の requestBody は POST するデータの中身で、絞り込み検索のときの条件を JSON 形式で指定します。赤字で「*required」とあるように、必須項目です。POST データがないと、サーバは「400 Bad Request」を返します。検索条件を設けないのなら、明示的に {}（空のオブジェクト）を送信します。

■ Requests の用法

Requests の POST 用コンビニエンスメソッド requests.post() には、第 1 引数に URL、追加の要求ヘッダをキーワード引数 headers から、サーバに送信するデータ（requestBody）をキーワード引数 data からそれぞれ指定します。

headers には送信データが JSON フォーマット、また受信したいデータも JSON フォーマットであることを示します。これがないと、東京都オープンデータサーバは不正な要求としてアクセスを拒否します。

```
headers = {
  'Content-Type': 'application/json',            # POSTデータはJSON
  'Accept': 'application/json'                   # 受信したいデータはJSON
}
```

送信データは、検索条件がなければ {} です。REST API にはこうした検索機能が用意されていることが多いのですが、Python でアクセススクリプトを書くときはあまり利用しません。すべてのデータを取り込んだとしても、よほど巨大なデータセットでもないかぎり、Python で容易に処理できるからです。部分的な取得の方がネットワークやメモリに優しいのは確かですが、たいていは個数制限がかかっているので、気になるほどではありません。

{} は JSON オブジェクトなので、文字列で表現します。つまり、'{}' のように引用符でくくります（0x7b 0x7d という 2 バイトの文字列）。Python の {} は空の辞書なので、これを指定すると 0 バイトが送信され、東京都に拒否されます。

```
# data = {}                                      # これはダメ
data = '{}'                                       # 文字列
```

クエリ文字列の limit および offset はデフォルトのまま（データ要素は 0 ～ 99 番目）としたときの requests.post() は次の通りです。

```
>>>  import requests
>>>  base = 'https://service.api.metro.tokyo.lg.jp/'
>>>  endpoint = 'api/t000008d0000000034-a9adcfc53cc41afca307eb0484cad344-0/json'
>>>  headers = {
...     'Content-Type': 'application/json',
...     'Accept': 'application/json'
... }
>>>  data = '{}'
>>>  resp = requests.post(base+endpoint, headers=headers, data=data)
```

HTTP 応答ステータスコードが 200 なら成功です。

```
>>>  resp.status_code
200
```

API の用法は、［API を探す］ページ上端のメニューの［API の使い方］から確認できます。

また、個々のデータセットページにも、パラメータを変えながら試す機能が用意されています。うまくアクセスできないときは、そちらからクエリ文字列や要求ヘッダを確認してください。

■ データの構造

受信データは JSON テキスト（文字列）です。先頭 80 文字を確認します。

```
>>>  resp.text[:80]
'{"total":38,"subtotal":38,"limit":null,"offset":null,"metadata":{"apiId":"t00000'
```

読みにくいので、整形して次に示します†。

---

† JSON にコメントはありません。Python 風の # で始まるコメントはわかりやすいように紙面に加えたもので、JSON としては不正です。

```
{                                              # オブジェクト1つ
  "total": 38,                                 # データの総数
  "subtotal": 38,                              # ここに含まれたデータの個数
  "limit": 100,
  "offset": null,
  "metadata": {
    "apiId": "t000008d0000000034-a9adcfc53cc41afca307eb0484cad344-0",
    "title": "東京の土地２０２０（土地関係資料集）　表１－３－１　都内の新規分譲マンショ
ンの動向",
        ⋮
    "updated": "2021/11/11 00:00:00"
  },
  "hits": [                                     # データのリスト
    {
      "row": 1,                                # 1個目のデータ
      "年(昭和・平成・令和)": "58",
      "供給戸数／区部(戸)": 22505,
      "供給戸数／多摩(戸)": 4307,
      "供給戸数／都(戸)": 26812,
      "1戸当たり平均住戸専有面積／区部(m2)": 49.79,
        ⋮
      "平均単価の対前年上昇率／多摩(%)": 0.5,
      "平均単価の対前年上昇率／都(%)": -1
    },
      ⋮
    {
      "row": 38,                               # 38個目のデータ
      "年(昭和・平成・令和)": "2",
      "供給戸数／区部(戸)": 10911,
      "供給戸数／多摩(戸)": 3242,
      "供給戸数／都(戸)": 14153,
      "1戸当たり平均住戸専有面積／区部(m2)": 61.65,
        ⋮
      "平均単価の対前年上昇率／多摩(%)": 1.5,
      "平均単価の対前年上昇率／都(%)": 6.8
    }
  ]                                            # データのリスト終わり
}                                              # オブジェクトの終わり
```

　{ で始まっていることから、HTTP 応答ボディが１つのオブジェクト（辞書）にまとめられていることがわかります。最初の方で示されたプロパティは、データセットそのものに関するメタデー

タです。たとえば、total はこのデータセットに収容されているデータの総数を示します。subtotal はこの要求で得られた個数です。ここから、limit を 100 としても、もともとデータが 38 個しかないので、得られるのも 38 個になることがわかります。

　データそのものは hits プロパティに収容されています。その値は [で始まることから配列（リスト）です。要素はオブジェクトで、プロパティがいくつか収容されています。たとえば、row プロパティがデータ番号（1 からカウント）を、「年 (昭和・平成・令和)」が年号（ただし元号文字列は除く）を示しています。

　扱いやすいよう、requests.json() メソッドから JSON テキストを Python のデータ構造に変換します（標準ライブラリの json.loads() でも構いません）。

```
>>>  json_data = resp.json()
```

hits プロパティ値はリストなので、len() から個数をカウントできます。この値は subtotal プロパティの値と一致します。

```
>>>  type(json_data['hits'])              # hitsプロパティ値はリスト
<class 'list'>
>>>  len(json_data['hits'])               # hitsリストの個数
38
>>>  json_data['subtotal']                # subtotalプロパティ値
38
```

　東京都オープンデータの JSON データの構造は、骨格部分はどれもおおむね同じです。たとえば、先頭のメタデータは共通です。もちろん、hits に収容されるデータの構造はデータそのものが異なるのでそれぞれ違います。次に、「都立文化施設事業一覧 都立文化施設事業一覧」の JSON データを一部示します。

```
{
  "total": 91,                            # データ総数
  "subtotal": 20,                         # 今回取得した数
  "limit": 20,
  "offset": null,
  "metadata": {
    "apiId": "t313360d0000000001-a59669a1dc69a7829501710ecdbf9979-0",
    "title": "都立文化施設事業一覧 都立文化施設事業一覧",
     ⋮
    "updated": "2022/10/13 00:00:00"
```

付録A　やや高度な話題

```
    },
    "hits": [
      {
        "row": 1,
        "都道府県コード又は市区町村コード": 131032,
        "NO": "",
        "都道府県名": "東京都",
        "市区町村名": "港区",
         ⋮
      },
    ]
}
```

■ サンプルスクリプト

　以上を実装したサンプルを次に示します（ファイル名は misc_tokyo_post.py）。URL は分譲マンション動向のエンドポイントをハードコーディングしています。他のデータセットを試すときはここを変更するとともに、API に変更がないかをそれぞれのページから確認してください。

　出力するのは年号と区内の価格だけです（17 行目）。

misc_tokyo_post.py

```python
1  import sys
2  import requests
3
4  base = 'https://service.api.metro.tokyo.lg.jp'
5  endpoint = '/api/t000008d0000000034-a9adcfc53cc41afca307eb0484cad344-0/json'
6  url = base + endpoint
7  data = '{}'                                          # 文字列!!
8  headers = {
9      'Content-Type': 'application/json',
10     'Accept': 'application/json'
11 }
12
13 resp = requests.post(url, headers=headers, data=data)
14 json_data = resp.json()
15 col1 = '年(昭和・平成・令和)'
16 col2 = '1戸当たり平均住戸価格／区部(万円)'
17 for elem in json_data['hits']:
18     print(f'{elem[col1]} {elem[col2]}')
```

付録

実行結果を示します。

```
$ misc_tokyo_post.py
58 2647                                        # 昭和58年
59 2744
60 3016
⋮
30 7142                                        # 平成30年
31 7286
2 7712                                         # 令和2年
```

A.8 Pillow の画像フォーマット

第 7 章で述べたように、Pillow は多くの画像フォーマットをサポートしています。WordCloud や Matplotlib など、画像の読み込みと書き出しに Pillow を用いているライブラリの対応可能画像もこれに準じます。Pillow を利用しないライブラリでも、対応外の画像を読むときには、いったん Pillow で読み込むのがよくあるコーディングパターンです。

開こうとするファイルが対応可能かは、Pillow の PIL.Image.registered_extensions() から調べられます。このメソッドは、対応可能なファイル拡張子をキー、フォーマット名略称を値とした辞書を返します。

```
>>>  from PIL import Image                      # インポート
>>>  Image.registered_extensions()              # 拡張子とフォーマット名の辞書
{'.blp': 'BLP', '.bmp': 'BMP', '.dib': 'DIB', '.bufr': 'BUFR', '.cur': 'CUR', ...
  '.webp': 'WEBP', '.wmf': 'WMF', '.emf': 'WMF', '.xbm': 'XBM', '.xpm': 'XPM'}
```

ファイルの拡張子がこれに含まれていれば、対応しています。

URL からファイル拡張子だけを取り出すには、標準ライブラリの pathlib を使います。このモジュールにはパス文字列を表現する PurePath クラスがあるので、URL をインスタンス化すれば、その suffix 属性から拡張子を取得できます（本来はパス文字列用ですが、とても寛容なので、URL を入れても怒らずに処理してくれます）。

```
>>> import pathlib
>>> pathlib.PurePath('https://foo.bar/img.png')           # URLから
PurePosixPath('https:/foo.bar/img.png')
>>> pathlib.PurePath('https://foo.bar/img.png').suffix    # 拡張子抽出
'.png'
```

PIL.Image.registered_extensions() のキーは小文字なので、大文字なこともあるファイル名は str.lower() を通しておくとよいでしょう。

```
>>> pathlib.PurePath('https://foo.bar/IMG.PNG').suffix.lower()
'.png'
```

文字列が辞書のキーに含まれているかは、in 演算子からチェックできます。

```
>>> '.png' in Image.registered_extensions()           # PNGはサポートされている
True
>>> '.svg' in Image.registered_extensions()           # SVGはされていない
False
```

Pillow で利用可能な画像フォーマット名を調べるなら、辞書から値だけを抜き出し、set で重複を取り除きます（.jpeg と .jpg のように複数の拡張子を持つフォーマットもあるので、名称には重複があります）。

```
>>> set(Image.registered_extensions().values())           # フォーマットのみ
{'IPTC', 'XPM', 'JPEG', 'TIFF', 'BMP', 'PSD', 'SGI', 'JPEG2000', 'ICO', 'PALM',
 'MSP', 'PCX', 'HDF5', 'BUFR', 'MPEG', 'GBR', 'DDS', 'GRIB', 'FLI', 'BLP', 'FTEX',
 'PNG', 'IM', 'PIXAR', 'DIB', 'PPM', 'XBM', 'DCX', 'WMF', 'EPS', 'CUR', 'WEBP',
 'PCD', 'PDF', 'FITS', 'TGA', 'ICNS', 'GIF', 'MPO', 'SUN'}
```

len() からカウントすれば、対応フォーマットが 40 種類あることがわかります。

```
>>> len(set(Image.registered_extensions().values()))
40
```

付
録

A.9 Pillow で利用できる色名

Pillow での色指定は、HTMLのように # を先頭にした 3 つの 16 進数文字列で示される RGB 値、0 〜 255 の RGB 値も使えますが、HTML（正確には CSS Color Module）で定義された「white」や「aqua」などの色名も使えます。これは、Pillow を内部で利用する WordCloud などの外部パッケージでも同様です。たとえば、WorldCloud では wordcloud.WordCloud コンストラクタの background_color や contour_color パラメータ引数で Pillow スタイルの色指定が使えます。

色名リストは、次に URL を示す W3C のページの 6.1 節から確認できます。

https://www.w3.org/TR/css-color-4/#named-colors

利用可能な色名は Pillow そのものからも確認できます。PIL.ImageColor モジュールに用意されている colormap 色名テーブルは辞書形式で、キーが色名、値が # を先頭にした 3 つの 16 進数文字列で示される RGB 値です。

```
>>> from PIL import ImageColor            # ImageColorをインポート
>>> type(ImageColor.colormap)             # colormapは辞書
<class 'dict'>

>>> ImageColor.colormap                   # 中身拝見
{'aliceblue': '#f0f8ff', 'antiquewhite': '#faebd7', 'aqua': '#00ffff',
 'aquamarine': '#7fffd4', 'azure': '#f0ffff', 'beige': '#f5f5dc', ...,
 'whitesmoke': '#f5f5f5', 'yellow': '#ffff00', 'yellowgreen': '#9acd32'}

>>> ImageColor.colormap.keys()            # 色名だけ抽出
dict_keys(['aliceblue', 'antiquewhite', 'aqua', 'aquamarine', 'azure', 'beige', ...
  'turquoise', 'violet', 'wheat', 'white', 'whitesmoke', 'yellow', 'yellowgreen'])
```

Pillow 内部では色名を小文字化していますが、各種メソッドでの指定時には大文字小文字に無関係です。

A.10 最も近い色名

　色指定には RGB 値があれば十分ですが、値では色合いが掴めません。数ビットずれても普通にはわからないので、どうせなら値に近い HTML/CSS 色名が使えれば便利です。たとえば、(185, 83, 79) に最も近い既存の色名は IndianRed (205, 92, 92) です。

　近い色は、R、G、B のそれぞれを軸とした 3 次元空間の 2 点の距離が最も近いものです。2 点を s = (R$_s$, G$_s$, B$_s$) と t = (R$_t$, G$_t$, G$_t$) のタプル（あるいはリスト）として、2 点間の距離は math.distance(s, t) で計算できます。この距離計算を対象と約 100 ある HTML/CSS 色名の RGB 値の間で行い、もっとも小さいものを選べば、それが最も近い既存色です。

　色名リストの PIL.ImageColor.colormap から色名と値は得られますが、値が 6 桁 16 進数文字列です。自力で 3 つの整数値に分解できないことはないですが、色名から RGB タプルを得る PIL.ImageColor.getrgb() を使った方が早道です（ソースは 16 進数文字列を正規表現にかけて抽出しています）。

```
>>>    from PIL import ImageColor
>>>    ImageColor.getrgb('aliceblue')
(240, 248, 255)
```

　この AliceBlue と (185, 83, 79) との距離は次のように計算できます。

```
>>>    import math
>>>    math.dist((240, 248, 255), (185, 83, 79))
247.43888134244384
```

　あとは、PIL.ImageColor.colormap.keys() で得られる色名でループして、最も小さい距離の色名を選ぶだけです。コードは次の通りです（ファイル名は misc_colorname.py）。

misc_colorname.py

```
1  import math
2  import sys
3  from PIL import ImageColor
4
5
6  def closest_cname(src_rgb):
7      min_distance = math.inf
```

```
 8      cname = None
 9      ctuple = None
10
11      for name in ImageColor.colormap.keys():
12          dst_rgb = ImageColor.getrgb(name)
13          distance = math.dist(src_rgb, dst_rgb)
14          if distance < min_distance:
15              min_distance = distance
16              cname = name
17              ctuple = dst_rgb
18
19      return {cname: ctuple}
20
21
22
23  if __name__ == '__main__':
24      rgb_str = sys.argv[1:]
25      rgb = [int(elem) for elem in rgb_str]
26      print(closest_cname(rgb))
```

$(185, 83, 79)$ を対象にテストします。引数には、タプルを分解した 3 つの整数を指定します。

```
$ misc_colorname.py 185 83 79
{'indianred': (205, 92, 92)}
```

A.11　Matplotlib で複数画像をレイアウト

　第 9 章では、Pillow を使ってサムネール画像を格子状に配置しました。このとき、画像の縮小（PIL.Image.thumbnail()）、格子数の計算と配置位置の決定、格子への貼り付け（PIL.Image.paste()）というやや手数のかかるステップを踏みました。Matplotlib でも同様のことが、より少ない計算ステップで達成できます。

　これには、第 6 章で示した複数グラフの並置機能を使います。格子の縦横の数さえ用意すれば、あとは plt.subplots() でそれらを指定するだけです。次の例では、縦 2 行、横 2 列の構成で描画エリア（Figure）とグラフ（Axes）を用意しています。

```
>>>  import matplotlib.pyplot as plt
>>>  fig, axes = plt.subplots(nrows=2, ncols=2, figsize=(6.4, 4.8))
```

　Matplotlib でも、ファイルから画像を読み込めます。plt.imread() というメソッドです。もっとも、中身は Pillow の PIL.Image.open() を使っていますし、旧来の方法なのでマニュアルも Pillow を使うように勧めています。

```
>>>  img1 = plt.imread('ume.jpg')
>>>  img2 = plt.imread('sakura.jpg')
>>>  img3 = plt.imread('matsu.jpg')
>>>  img3 = plt.imread('hototogisu.jpg')
```

　あとは、個々の Axes に plt.imshow() メソッドから画像オブジェクトを張り付けるだけです。2 次元格子の位置は [y, x] で指定します。縦横の順で横縦ではないのは、行列だからです。[0, 1] は正方矩形の右上、[1, 0] は左下です。

```
>>>  axes[0, 0].imshow(img1)                      # 左上
<matplotlib.image.AxesImage object at 0x0000018B9F242AD0>
>>>  axes[0, 1].imshow(img2)                      # 右上
<matplotlib.image.AxesImage object at 0x0000018B9A82ACE0>
>>>  axes[1, 0].imshow(img3)                      # 左下
<matplotlib.image.AxesImage object at 0x0000018B9B799DE0>
>>>  axes[1, 1].imshow(img4)                      # 右下
<matplotlib.image.AxesImage object at 0x0000018B9B79A170>
```

　表示すると次のようになります。個々の画像（axes）のサイズは自動的に調整されます（画像は Pixabay より）。

```
>>>  fig.show()
```

付録

　縦横軸のピクセル値から、それぞれ異なるサイズの画像が同じようなサイズに縮小されることがわかります。画像周囲のギャップや目盛軸が気になるなら、それぞれ調整しなければなりません。Pillow と Matplotlib とどちらが楽かは目的にもよりますが、どれだけ習熟しているかが大きいでしょう。

参考文献

　本書で示した文献、ライブラリの URL、データソースサイトを次に示します。本付録は、筆者の次の Github ページではハイパーリンクになっています。

```
https://github.com/stoyosawa/ScrapingBook-Public
```

B.1　文献

書籍のリンク先は honto、Blue-ray/DVD はヨドバシカメラです。

- Bird, Steven 他，萩原 正人他訳：『入門 自然言語処理』，オライリー・ジャパン（2010）.
  ```
  https://honto.jp/netstore/pd-book_03316011.html
  ```
- Homer，松平 千秋訳：『イリアス』（上下巻），岩波書店（1992）.
  ```
  https://honto.jp/netstore/pd-book_29842161.html
  ```
- Geronimi, Clyde 他監督：『ふしぎの国のアリス』，ウォルト・ディズニー・プロダクション（1951）.
  ```
  https://www.yodobashi.com/product/100000009003539810/
  ```
- Lewis, Carroll，河合 祥一郎訳：『不思議の国のアリス』，角川書店（2010）.
  ```
  https://honto.jp/netstore/pd-book_27964762.html
  ```
- Lewis, Carroll，矢川 澄子訳，金子 国義絵：『不思議の国のアリス』，新潮社（1994）.
  ```
  https://honto.jp/netstore/pd-book_01049067.html
  ```
- Ramalho, Luciano，梶原 玲子他訳：『Fluent Python』，オライリー・ジャパン（2017）.
  ```
  https://honto.jp/netstore/pd-book_28696001.html
  ```
- 太宰 治：『人間失格』，新潮社（2006）.
  ```
  https://honto.jp/netstore/pd-book_02637321.html
  ```
- 豊沢 聡：『Python ＋ Pillow/PIL』，カットシステム（2022）.
  ```
  https://honto.jp/netstore/pd-book_31904103.html
  ```

● 永田 雅人他：『実践 OpenCV 4 for Python』，カットシステム（2021）.
　　https://honto.jp/netstore/pd-book_30749005.html
● 松平 治：『トロイア戦争全史』，講談社（2008）.
　　https://honto.jp/netstore/pd-book_03043154.html

B.2　ライブラリ URL

● Beautiful Soup https://www.crummy.com/software/BeautifulSoup/bs4/doc/
● Chardet https://chardet.readthedocs.io/en/latest/
● html5lib https://html5lib.readthedocs.io/en/latest/
● Janome https://mocobeta.github.io/janome/
● Matplotlib https://matplotlib.org/
● NLTK https://www.nltk.org/
● NumPy https://numpy.org/
● OpenCV https://docs.opencv.org/4.7.0/
● OpenPyXL https://openpyxl.readthedocs.io/
● Pandas https://pandas.pydata.org/
● Pillow https://pillow.readthedocs.io/en/stable/
● Plotly https://plotly.com/python/
● Requests https://requests.readthedocs.io/en/latest/
● WordCloud https://amueller.github.io/word_cloud/

B.3　データソース URL

● e-GOV データポータル https://data.e-gov.go.jp/
● e-GOV データポータル 公共交通施設に関するバリアフリー情報（鉄軌道駅施設に関するデータ）https://data.e-gov.go.jp/data/ja/dataset/mlit_20160325_0033
● 青空文庫 https://www.aozora.gr.jp/
● カットシステム https://www.cutt.co.jp/
● 気象庁 各種データ・資料 https://www.jma.go.jp/jma/menu/menureport.html
● 東京都オープンデータカタログサイト https://portal.data.metro.tokyo.lg.jp/

- 東京都オープンデータ API について https://portal.data.metro.tokyo.lg.jp/opendata-api/
- プロジェクト・グーテンベルグ https://www.gutenberg.org/

B.4　その他

- Badssl https://badssl.com/
- The Department of Linguistics, University of Pennsylvania「Penn Treebank POS (Part-Of-Speech) Tags」 https://www.ling.upenn.edu/courses/Fall_2003/ling001/penn_treebank_pos.html
- IANA「Character Sets」 https://www.iana.org/assignments/character-sets/character-sets.xhtml
- Janome ではじめるテキストマイニング https://mocobeta.github.io/slides-html/janome-tutorial/tutorial-slides.html
- Mecab IPADIC 品詞リスト https://github.com/taku910/mecab/blob/master/mecab-ipadic/pos-id.def
- Matplotlib「Choosing Colormaps in Matplotlib」 https://matplotlib.org/stable/tutorials/colors/colormaps.html
- OpenCV Cascade Classifier https://docs.opencv.org/4.7.0/db/d28/tutorial_cascade_classifier.html
- OpenCV Haar Cascade files（OpenCV ソース） https://github.com/opencv/opencv/tree/master/data/haarcascades
- OpenCV-Python-Tutorials-and-Projects（猫顔検出カスケードファイル） https://github.com/murtazahassan/OpenCV-Python-Tutorials-and-Projects
- OpenCV によるアニメ顔検出なら lbpcascade_animeface.xml https://github.com/nagadomi/lbpcascade_animeface
- Pixabay https://pixabay.com/
- RFC 2616「Hypertext Transfer Protocol -- HTTP/1.1」 https://www.rfc-editor.org/info/rfc2616
- RFC 5987「Character Set and Language Encoding for Hypertext Transfer Protocol (HTTP) Header Field Parameters」 https://www.rfc-editor.org/info/rfc5987
- RFC 8259「The JavaScript Object Notation (JSON) Data Interchange Format」 https://www.

rfc-editor.org/info/rfc8259

- RFC 9110「HTTP Semantics」https://www.rfc-editor.org/info/rfc9110
- RFC 9112「HTTP/1.1」https://www.rfc-editor.org/info/rfc9112
- W3C「CSS Color Module Level 4」（色名は 6.1 節の「Named Colors」）https://www.w3.org/TR/css-color-4/
- 青空文庫 耕作員手帳 https://www.aozora.gr.jp/guide/techo.html
- 国土地理協会 緯度経度付き全国沿線・駅データベース https://www.kokudo.or.jp/database/004.html
- 日本民営鉄道協会 https://www.mintetsu.or.jp/

スクリプトリスト

本書で説明したスクリプトのリストをファイル名順に示します。

スクリプト	説明
csv_geo.py	地理座標から地図を生成する（CSV 篇）。
html_graph.py	HTML ページから表を抜き出してグラフにする。
html_wc.py	HTML ページ（日本語）のテキストからワードクラウドを生成する。
img_animation.py	Pickle に保存された画像リストをアニメーションにする。
img_faces.py	Pickle に保存された画像から顔の出ているもののみ抽出し、サムネール画像を生成する。
img_pickle.py	ページに埋め込まれた画像をすべて取得し、pickle に保存する。
img_thumbnail.py	Pickle に保存された画像からサムネール画像を生成する。
json_geo.py	位置情報から地図を生成する（JSON 篇）。
misc_colorname.py	RGB の値（3 つの 0 〜 255 の 10 進数）に最も近い HTML/CSS 色名を探す。
misc_concurrent.py	直列アクセスと並列アクセスの違い。
misc_tokyo_post.py	東京都オープンデータで POST を使う API 用。
text_plot.py	Project Gutenberg（UTF-8 text）のテキストからプロットグラフを生成する。
text_wc.py	Project Gutenberg（UTF-8 text）のテキストからワードクラウドを生成する。
zip_wc.py	青空文庫のテキスト（zip）からワードクラウドを生成する。

付録

索 引

■ 著者プロフィール

豊沢聡（とよさわ・さとし）

電話会社、教育機関、ネットワーク機器製造会社を経由して、ただいま絶賛無職中。著書、訳書、監修書はこれで 37 冊目。主な著書に『試せばわかる！コマンドで理解する TCP/IP』（アスキー、2008）、『jq ハンドブック』（カットシステム、2021）、『jq クックブック』（カットシステム、2023）、『TCP/IP のツボとコツがゼッタイにわかる本』（秀和システム、2023）、訳書に『詳細イーサネット第 2 版』（オライリー・ジャパン、2015）、『Fluent Python』（オライリー・ジャパン、2017）、監修書に『実践 OpenCV 2.4 映像処理と解析』（カットシステム、2013）がある。

著者近影

Web スクレイピング
Python によるインターネット情報活用術

2023 年 8 月 10 日　　初版第 1 刷発行

著　者　豊沢 聡
発行人　石塚 勝敏
発　行　株式会社 カットシステム
　　　　〒 169-0073 東京都新宿区百人町 4-9-7　　新宿ユーエストビル 8F
　　　　TEL（03）5348-3850　　　FAX（03）5348-3851
　　　　URL　https://www.cutt.co.jp/
　　　　振替　00130-6-17174
印　刷　三美印刷 株式会社

本書に関するご意見、ご質問は小社出版部宛まで文書か、sales@cutt.co.jp 宛に
e-mail でお送りください。電話によるお問い合わせはご遠慮ください。また、本書の
内容を超えるご質問にはお答えできませんので、あらかじめご了承ください。

Cover design　Y.Yamaguchi　　© 2023 豊沢 聡
Printed in Japan　ISBN978-4-87783-541-5